Python超入門

モンティと学ぶはじめてのプログラミング

及川 えり子 著

Ohmsha

本書に掲載されている会社名・製品名は、一般に各社の登録商標または商標です。

本書を発行するにあたって、内容に誤りのないようできる限りの注意を払いましたが、本書の内容を適用した結果生じたこと、また、適用できなかった結果について、著者、出版社とも一切の責任を負いませんのでご了承ください。

はじめに

　Python は、現在最も人気の高いプログラミング言語の 1 つで、Google（グーグル）、YouTube（ユーチューブ）、Instagram（インスタグラム）などの身近なものから、データ分析、機械学習、ディープラーニング、人工知能などでも広く利用されています。

　初心者なのに、人工知能で使われている言語を習得することなんてできるの？と、不安に思う方も、いらっしゃるかもしれません。心配ご無用です。Python はシンプルで、読みやすくて、初心者向けの言語なのです。英語が読めて、キーボードが打てれば、だれでもプログラムが書けます。

　英語が苦手な方々や、小学生の皆さんでも安心して取り組めるように、英単語には読み方と日本語の意味を列記しました。キーボードの打ち方がわからないという方のために、冒頭のコラムで、タイピング（※キーボードを打つこと）の基本について書きましたので、ご参考ください。英語の意味がわからなくても、タイピングがスラスラできなくても、だいじょうぶです！

　小学生が本格的なプログラミングをするなんて無理ではないか、日本語表記のScratch（スクラッチ）とかの方がいいのではないかと心配している方々、だいじょうぶです。小学生の生徒さんたちでも、楽々とマスターしています。もう自分は若くないから無理なのではと考えている大人の方々、無理なんてことありません。私は50 歳を過ぎてからプログラミングの勉強を始めたのですから。Python は、老若男女問わず、だれもが取り組むことができます！

　ところで、そもそも何のためにプログラミングを学習するのでしょうか？ これについては、アメリカ合衆国第 44 代大統領のバラク・オバマ氏が、2013 年にコンピュータ・サイエンスについて述べた演説が大いに参考になります。少し長くなりますが、以下に、オバマ氏の演説の一部を引用させてください。

> Learning these skills isn't just important for your future,
> これらの技術を学ぶことは、あなたの将来にとって重要なだけでなく、
>
> it's important for our country's future.
> 我々の国の将来にとっても重大な意味を持つのです。

If we want America to stay on the cutting edge,
アメリカが最先端であり続けるためには、

we need young Americans, like you, to master the tools and technology
世界を取り巻くあらゆるものを変えていく技術を、

that will change the way we do just about everything.
あなたがたのような若い人々に習得してもらう必要があるからです。

That's why I'm asking you to get involved.
だから、わたしはあなたがたに、取り組んでいただきたいのです。

Don't just buy a new video game, make one.
ビデオゲームを買うだけではなくて、自分でつくるのです。

Don't just download the latest apps, help design it.
新しいアプリをダウンロードするだけではなくて、自分でデザインするのです。

Don't just play on your phone, program it.
スマホで遊ぶだけではなくて、自分でプログラミングするのです。

（中略）

Don't let anyone tell you "you can't."
「君には無理だよ」なんてセリフは、誰にも言わせてはなりません。

（中略）

If you're willing to work and study hard, that future is yours to shape.
いっしょうけんめいに学べば、あなたがたの手で未来をつくりだせるのです。

Python は、未来をつくるための強い力となります。どうか、『Python 超入門』を大いに楽しみながら、価値ある一歩を踏み出してください。

　この本の作成に協力してくださった、セサミ数学スクールの生徒さんたちとそのお友達のみなさん、ありがとうございます。モンティを産み出してくれたひなこちゃん、モンティをキュートなイラストに描いてくださったひなこちゃんお母様、ありがとうございます。世界一素敵な表紙を描いてくださったふすいさん、ありがとうございます。ご多忙の中、コラムを執筆してくださった勝島先生、ありがとうございます。何度も何度も原稿をチェックし、様々な助言をくださった林先生、ありがとうございます。林先生の助言なしでは、私はこの本を書き上げることができませんでした。多くのわがままを聞き入れてくださり、出版のチャンスを与えてくださったオーム社の担当者の方々、ありがとうございます。そして、いつも見守り続けてくれた Eribon ちゃん、ありがとう！

セサミ数学スクール　及川えり子

目　次

【本書ご利用の際の注意事項】

　本書で解説している内容を実行・利用したことによる直接あるいは間接的な損害に対して、著作者およびオーム社は一切の責任を負いかねます。利用は利用者個人の責任において行ってください。

　本書に掲載されている情報は、2019 年 12 月時点のものです。実際に利用される時点では変更されている場合がございます。特に、Python のライブラリ群等は頻繁にバージョンアップがなされています。これらの影響によっては本書で解説しているアプリケーション等が動かなくなることもありますので、あらかじめご了承ください。

　また、本書の発行にあたって、読者の皆様に問題なく実践していただけるよう、できる限りの検証をしておりますが、以下の環境以外では構築・動作を確認しておりませんので、あらかじめご了承ください。

- Windows 10 Home 32bit
- Windows 7 Professional 32bit
- macOS Mojave（バージョン 10.14.3）
- Python 3.8

　本書では各ファイルについて、拡張子を含めて記載しています。Windows10 のデフォルト設定では、ファイルの拡張子が非表示になっていますので、ファイルの拡張子を以下の手順で表示させるようにしてください。
1. ホーム画面下部のタスクバーから「エクスプローラー」を起動します。
2. 現れたウィンドウの上のほうにある「表示」をクリックします。
3. 現れたサブメニューにある「ファイル名拡張子」にチェックを入れます。

【本書に掲載しているソースコードについて】

- 本書に掲載しているソースコードは、オーム社の Web ページからダウンロードできます。
1. オーム社の Web ページ「https://www.ohmsha.co.jp/」を開きます。
2. 「書籍検索」の ISBN の項目に本書の ISBN『978-4-274-22494-2』を入力して検索します。
3. 本書のページの「ダウンロード」タブを開き、ダウンロードファイルをクリックします。
4. ダウンロードしたファイルを解凍します。

- 本書に掲載しているソースコードの再配布・利用については以下のとおりとします。
1. ソースコードの著作権はフリーとします。個人・商用にかかわらず自由に利用いただいてかまいません。
2. ソースコードは自由に再配布・改変していただいてかまいません。
3. ソースコードは無保証です。ソースコードの不具合などによる損害が発生しても著作者およびオーム社は一切の保証ができかねますので、あらかじめご了承ください。

登場人物紹介

飛翔（しょう）

　P学園中等部1年。数学と理科とサッカーが得意。蒼空との出会いがきっかけでパイソンを学び始める。

　将来の夢は、まだよくわかっていない。これからいろいろなことを学びながら探っていこうと考えている。

　いまは毎晩、モンティといっしょにパイソンを勉強するのが、楽しくてしかたない。

蒼空（そら）

　P学園高等部3年。プログラミングの天才。対話型AIのモンティを開発中。集中すると周囲のことがまったく目に入らなくなる。

　飛翔とモンティは、蒼空が作ったテキストを使って、パイソンを勉強している。

　将来の夢は、人工知能を使って動物や植物の感情を解析すること。

モンティ

　蒼空が開発している対話型AI。人間の10歳児くらいの知能を有する。3Dのホログラムで、空中に映像として現れる。

　AIなのに、うっかりミスをする。感情を持ち、うれしいと空中を飛び回り、悲しいと体が小さくなる。

　歌うことが大好き。昆虫や鳥や動物たちも、モンティの歌声に聞き入ってしまう。

プロローグ

　とある放課後、飛翔は学校のグラウンドで、友だちとサッカーをして遊んでいました。けり損ねたボールが、コロコロと転がり、ベンチに座っている高校生の蒼空の足にぶつかりました。蒼空はまったく気づかずに、何かつぶやきながらパソコンで作業をしています。

「すみませ〜ん！　ボール、お願いしま〜す！」

「………………………え、何？　あぁ、はい！」

　蒼空はボールをけり返すと、すぐに、パソコンに向かいました。

　あたりがうす暗くなり、飛翔が帰ろうとすると、蒼空はまだベンチに座り、一心不乱にパソコンに何かを打ちこんでいます。飛翔が近よってのぞいてみると、パソコンの画面にはアルファベットや数字がぎっしりと並んでいました。

「英語でレポートを書いているのですか？」

「いいえ、これはプログラミング言語よ。プログラムを書いているの。良い案を思いついたから、忘れないうちに書き留めておこうと思って」

「プログラミング言語って英語みたいなんですね。でも、すごく難しそう…」

「簡単よ。プログラミング言語は 200 種類以上あるけど、これはパイソンといって、シンプルで初心者でも勉強しやすいプログラミング言語よ。」

「へぇ、そうなんだ。パイソンで何をつくっているのですか？」

「人工知能（AI）を開発中よ」

「えぇ、ふつうのパソコンで AI がつくれるの？！」

　飛翔の家にもパソコンはありますが、動画をみたり、ネットショッピングをしたりするくらいです。パソコンで AI がつくれるなんて、しかも高校生でつくれるなんて驚きです。

「すごいなぁ、おもしろそうだなぁ、ぼくもやってみたいなぁ。でも、この学校にはプログラミング部がないからなぁ……」

　しばらく考え込んだ飛翔は、意を決し、こう言いました。

「せんぱい！　どうか僕に、プログラミングを教えてくれませんか？」

「いまは大学受験勉強もしなきゃいけないから、君に教える余裕はないよ」

「お願いします！！！」

「……無理だと思う。ごめんね。あれ、もうこんな時間だ。塾に遅れちゃう！」

そう言ってパソコンをかばんにしまうと、蒼空は駅へ向かって走り去りました。

ところが、翌週、蒼空が飛翔のクラスを訪ねてきました。

「せんぱい、もしかして、教えてくれるんですか？」

「パイソン初心者用の学習データをつくってきたから、そのデータをあげる。5日間で、ひととおりの基本がマスターできるよ。ただし、交換条件がある」

「ありがとうございます♪　で、交換条件って、何ですか？」

「私がつくったAIといっしょに学んでほしいの。人間と接する機会が多いほどAIは発達するから、私にとっても都合がいいわ」

蒼空は、パソコンに差しこんであるUSBメモリを指さしました。

「AIがそんなところに入っているの？？？」

「いま、見せてあげる」

蒼空がパソコンのキーボードを打つと、空中に小さなかわいらしいロボットのような映像が浮かび上がりました。

「はじめまして。ボクはモンティといいます」

「ぼくは飛翔だよ。モンティ、よろしくね」

「よろしく！　わ～い、ボクにはじめての友だちができた～！」

モンティは喜んで、2人の周りを飛び回りました。

 # 特別付録1：タイピングについて

　プログラミングを学ぶ上で、ひとつネックになることがあるとすれば、タイピングではないかと思います。どのキーがどこにあるのか、探しながらコードを打つと、時間がかかってしまうからです。

　そこで、最低限知っておくと便利なことを、説明していきます。

I　ホームポジション

　文字を打つ前と打った後に、指を置く場所のことだよ。左手の指を A, S, D, F に、右手の指を J, K, L, ; のキーの上に置いて、両手の親指はスペース・キー（細長い長方形のキー）の上に置きます。これを『ホーム・ポジション』といいます。

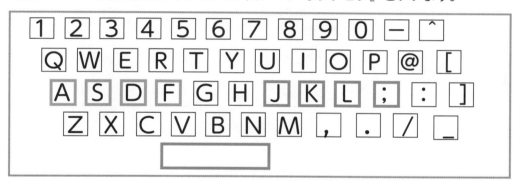

　覚え方のコツは、『左手の人差し指を F に、右手の人差し指を J に置く』です。これだけ覚えれば、大丈夫、なぜなら、他の指は自動的にきちんと置けるからです。

　実は、F キーと J キー下の部分には横線のでっぱりがあります。これが目印になるので、忘れても大丈夫です。

Ⅱ　どのキーはどの指で打つか

　どのキーはどの指で打つかは、下の図のように決まっています。赤は小指、水色は薬指、オレンジは中指、青色は人差し指、緑は親指で打ちます。⋯⋯⋯⋯の右側のキーは右手で、左側のキーは左手で打ちます。

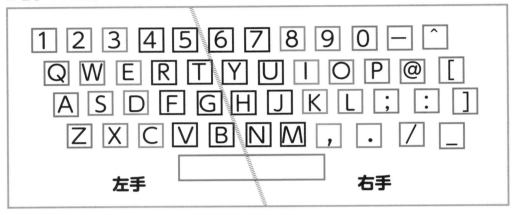

Ⅲ　その他

　記号の打ち方については、『特別付録3：記号の位置・読み方・使い方』で説明していきます。

　余裕があれば、タイピング・ゲームなどを利用して、タイピングの練習をするといいかもしれません。一度タイピングの方法を覚えてしまえば、プログラミングをすることがより楽しくなります！

※『FreeTypingGame.Net』（https://www.freetypinggame.net/）は、英語のサイトですが、無料で複数の種類のタイピングゲームができます。レベルも設定でき、中学生以上はランキングに参加することもできます。色々な国の人々が参加しているので、興味のある人はアクセスしてみてください。

Day 1

準備する

この本の使い方
― 本書の構成要素

セリフ

登場人物のセリフの前には、
その人の顔が表示されます。

…飛翔　　…モンティ

…蒼空　　…音声データ

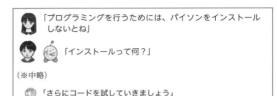

「プログラミングを行うためには、パイソンをインストール
しないとね」

「インストールって何？」

（※中略）

「さらにコードを試していきましょう」

空中ディスプレイ

空中ディスプレイには、『コード』が
表示されます。これを見て、パソコン
にコードを打ち込んでください。

```
4  for x in range(10):
5      print('Hi!')
```

codes
for x in range(数字):
　　さまざまなコード
「さまざまなコード」を数字の回数くり返す

words
range：レインジ：範囲
hi：ハイ：やぁ

コードの説明・英単語の説明

codes はコードの説明です。濃い青色と水色がコードで、その下の黒字がコードの
説明です。 **words** は英単語の説明です。
緑色が英単語、黒色の文字が英単語の発音と日本語訳を表しています。

シェルウィンドウ

みなさんがパソコン上でプログラムを
書く場所は2ヶ所あります。
1つはシェルウィンドウといい、
左上に **Python Shell** が付いていて、
青線の枠で示されています。
シェルウィンドウに書いたコードの
結果は、通常はシェルウィンドウに
水色で表示されます。
ただし、図を描いたときには、
別のウィンドウで表示されます。

```
Python Shell
>>> 123 + 456
579
>>> 123 * 456
56088
```

```
Python Shell
>>> for x in range(10):
        print('Hi!')
Hi!
Hi!
Hi!
Hi!
Hi!
Hi!
Hi!
```

エディタウィンドウ

プログラムは、エディタウィンドウに
書くこともできます。
エディタウィンドウは右図のように、
濃い灰色の枠（わく）で示され、
左上にタイトルが表示されます。
右図では『変な計算2』というタイトルが付いています。
エディタウィンドウに書いたコードの結果は、通常は、シェルウィンドウに水色の文字で表示されます。

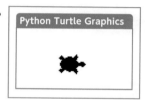

タートルグラフィックスのウィンドウ

タートルという作画機能を使い図や絵を描くことができます。
コードは、シェルウィンドウやエディタウィンドウに書き
ますが、図は別のウィンドウに表示されます。
右図のように Python Turtle Graphics と示されたウィンドウが
新たに出現します。

重要事項のまとめ

重要な内容は、ノート形式でまとめ
ました。右図のようなノートが出て
きたら、注意して読んでください。

チェック問題 CHECK ★ とチャレンジ問題 CHALLENGE ★★★

ひとつの Stage（ステージ）が終わると、チェック問題とチャレンジ問題が用意し
てあります。チェック問題では基本事項の復習ができます。チャレンジ問題は、自分
でコードを考えて書く問題が多いです。巻末に解答が付いてます。

コラム

コードやプログラミングに関する知識をコラムとしてまとめ
ました。本文の補足説明となっているものは緑色の枠で囲み、
プログラミング一般に関する豆知識などはオレンジ色の枠で
囲んであります。息抜（いきぬ）きに読んでみてください。

パイソンのインストール：Windowsの場合
― パイソンの取り込み・アイドルのアイコン作成

「プログラミングを行うためには、パイソンをインストールしないとね」

「インストールって何？」

「パイソンを使うために必要なデータを取り込むことよ。これからインストール方法を説明します。次の 7 つの手順で行います」

★ここでは『Python3.8.0』をインストールしています。パイソンのバージョンについては、13 ページのコラム 1 を参考にしてください★

手順 1　インターネットで『python.org』を検索します。

     🔍 python.org   🎤

手順 2　画面の一番上に『Welcome to Python.org』と表示されます。
　　　　『Welcome to Python.org』の文字部分をクリックしサイトを開きます。

Welcome to Python.org ←ここをクリック
https://www.python.org ▾ このページを訳す
The official home of the **Python** Programming Language.
このページに複数回アクセスしています。

手順 3　Python（パイソン）のホームページが現れます。図の赤い矢印で示した『Downloads』（ダウンロード）のボタンをクリックします。

手順 4　ダウンロードのページが現れるので、『Download Python 3.○.○』と書かれた黄色い長方形部分をクリックします（※○の部分には数字が入ります）。

この黄色い長方形をクリック

手順 5 画面の下に図のような表示が現れるので、『実行』をクリックします。

手順 6 新たに小さな画面が現れるので、①と②の操作を行います。

① 下部の『Add Python 3.○ to PATH』の□の部分をクリックし、□の中に✓を入れて☑の状態にします。

② 『Install Now』と書かれた部分をクリックします。

①□をクリックして☑とする

手順 7 インストールが完了すると、下の画面が現れます。『Close』をクリックして閉じます。

「ふ〜、長かった。手順をまとめると、こうなるね」

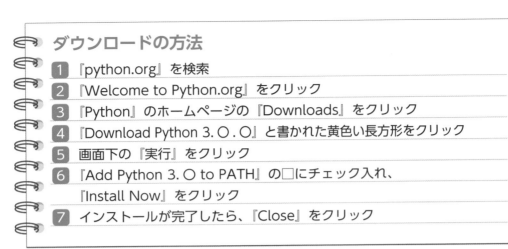

ダウンロードの方法

1 『python.org』を検索

2 『Welcome to Python.org』をクリック

3 『Python』のホームページの『Downloads』をクリック

4 『Download Python 3．０．０』と書かれた黄色い長方形をクリック

5 画面下の『実行』をクリック

6 『Add Python 3．○ to PATH』の□にチェック入れ、
『Install Now』をクリック

7 インストールが完了したら、『Close』をクリック

「次に、IDLE（アイドル）のアイコンを作成しましょう」

「アイドルをつくるの？？？」

「IDLE とは、パイソンの統合開発環境^{とうごうかいはつかんきょう}の一種のことよ。統合開発環境とは、
簡単にいうと、パイソンのプログラムを書くためのノートのようなものです。
パイソンをインストールすると、いっしょに付いてくるの」

「そらちゃん、さっきいってた『アイコン』って何？」

「最初の画面をデスクトップといい、デスクトップ上にあるいろいろなマーク
をアイコンというの」

「自分でアイコンがつくれるなんて、知らなかったよ。この手順も複雑なの？」

「これはすぐできて、かんたんよ。順序を説明するね」

順序1 画面左下にある『Windows』のマークをクリックします

↑ここをクリック

『Python』の右横にある『⌄』マークをクリックすると、『IDLE』が現れる

∨マークをクリック

順序3 『IDLE』のアイコンをマウスでクリックしたままで、デスクトップ画面まで移動させ、マウスを手放す（この操作を『ドラッグ＆ドロップ』という）

順序4 デスクトップに『IDLE』のアイコンが作成できる

アイコンのつくり方

 1 　画面左下にある『Windows』のマークをクリック
 2 　『Python』の右横にある『⌄』マークをクリック⇒『IDLE』が現れる
 3 　『IDLE』を『ドラッグ＆ドロップ』
 4 　デスクトップに『IDLE』のアイコンができる

「これでようやく、プログラミングに入れる！」

「私の説明はここまでよ。これから先の学習内容は『Python 超入門』としてまとめたので、君の家でモンティといっしょに勉強してちょうだいね」

「文書にまとめてくれたんですか？」

「いいえ。空中ディスプレイと音声データ にしたの」

「そらちゃん、すごい！ しょう君といっしょに『Python 超入門』を勉強できるなんて、うれしいなぁ♪」

7

Stage

2-2

パイソンのインストール：Macの場合
— パイソンの取り込み・アイドルのアイコン作成

「プログラミングを行うためには、パイソンをインストールしないとね」

「インストールって何？」

「パイソンを使うために必要なデータを取り込むことよ。これからインストール方法を説明します。次の 7 つの手順で行います」

★ここでは『Python3.8.0』をインストールしています。パイソンのバージョンについては、13 ページのコラム 1 を参考にしてください★

手順 1 インターネットで『python.org』を検索します。

> Q　python.org　　　　　　　　　　　　　　🎤

手順 2 『画面の一番上に『Welcome to Python.org』と表示されます。
『Welcome to Python.org』の文字部分をクリックしサイトを開きます。

> Welcome to Python.org ←ここをクリック
> https://www.python.org ▾ このページを訳す
> The official home of the **Python** Programming Language.
> このページに複数回アクセスしています。

手順 3 Python（パイソン）のホームページが現れます。図の赤い矢印で示した『Downloads』（ダウンロード）のボタンをクリックします。

手順 4 ダウンロードのページが現れるので、『Download Python 3. ○ . ○』と書かれた黄色い長方形部分をクリックします（※○の部分には数字が入ります）。

この黄色い長方形をクリック

手順 5 『ようこそ Python インストーラへ』という画面が現れるので、『続ける』をクリックします。

『続ける』をクリック

手順 6 『大切な情報』という画面が現れるので、『続ける』をクリックします。

← 『続ける』をクリック

手順 7 『使用許諾契約』を読み、『同意する』をクリックします。

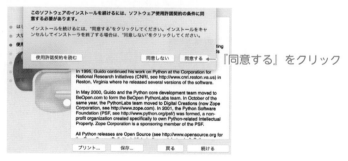

← 『同意する』をクリック

手順 8 『Macintosh HD に標準インストール』という画面が現れるので、『インス
トール』をクリックします。

←ここをクリック

手順 9 『インストールが完了しました』という表示が現れるので、
『閉じる』をクリックします。

←ここをクリック

手順10 インストーラはもう不要なので、『ゴミ箱に入れる』をクリックします。

←ここをクリック

 「ふ～、長かった。手順をまとめると、こうなるね」

ダウンロードの方法

1. 『python.org』を検索
2. 『Welcome to Python.org』をクリック
3. 『Python』のホームページの『Downloads』をクリック
4. 『Download Python 3.○.○』と書かれた黄色い長方形をクリック
5. 『ようこそ Python インストーラへ』で、『続ける』をクリック
6. 『大切な情報』という画面が現れるので、『続ける』をクリック
7. 『使用許諾契約』を読み、『同意する』をクリック
8. 『Macintosh HD に標準インストール』で『インストール』をクリック
9. インストールが完了したら『閉じる』をクリック
10. インストーラをゴミ箱に入れる

「次に、IDLE（アイドル）のアイコンを作成しましょう」

「アイドルをつくるの？？？」

「IDLE とは、パイソンの統合開発環境の一種のことよ。統合開発環境とは、
簡単にいうと、パイソンのプログラムを書くためのノートのようなものです。
パイソンをインストールすると、いっしょに付いてくるの」

「そらちゃん、さっき言ってた『アイコン』って何？」

「最初の画面をデスクトップといい、デスクトップ上にあるいろいろなマーク
をアイコンというの」

「自分でアイコンがつくれるなんて、知らなかったよ。この手順も複雑なの？」

「これはすぐできて、かんたんよ。順序を説明するね」

順序1　『アプリケーション』の中にある『Python3.〇』をクリックします。
（※〇の部分には数字が入ります）

順序2　『IDLE』と書かれたアイコンがあるので、アイコンをマウスでクリックしたままで、デスクトップ画面の下方まで移動させ、マウスを手放します。
（この操作を『ドラッグ＆ドロップ』といいます）

順序3　パソコンの画面下部に『IDLE』のアイコンが作成できます。

「これでようやく、プログラミングに入れる！」

「私の説明はここまでよ。これから先の学習内容は『Python 超入門』としてまとめたので、君の家でモンティといっしょに勉強してちょうだいね」

「文書にまとめてくれたんですか？」

「いいえ。空中ディスプレイと音声データ 🔊 にしたの」

「そらちゃん、すごい！ しょう君といっしょに『Python 超入門』を勉強できるなんて、うれしいなぁ♪」

パイソンのバージョン：Python3 系を使ってください

　プログラミング言語の Python は、1991 年にグイド・ヴァンロッサム氏によって生みだされました。1994 年には Python1 系（Python1.〇.〇）が、2000 年には Python2 系（Python2.〇.〇）が、2008 年には Python3 系（Python3.〇.〇）がつくられ、徐々にバージョンアップしています（※「〇.〇」の部分には数字が入ります）。2018 年 6 月には Python3.7.0 が、2019 年 10 月には Python3.8.0 が公表されました。この本では、『Python3.8.0』にもとづいて説明をしています。

　この先、『Python3.8.1』、『Python3.8.2』…『Python3.9.0』…とバージョンアップが進められていくと思います。その場合には、若干の変化が生じる可能性はありますが、Python3 系であれば大きく変わることはないので、安心してください。

　バージョンアップの内容については、Python のホームページで公表されています。日本語ページのＵＲＬは、下記になります。

　https://docs.python.org/ja/3/

　古いバージョンに関しては、Python2 系ならばインストールできます。しかし、わざわざ古いバージョンを使う必要性はないし、Python2 系と Python3 系では異なる部分もあるので、新しいバージョンの Python3 系を使ってください。

memo

Stage 3　シェルウィンドウにコードを書く(1)
―「世界の皆さん、こんにちは！」

　飛翔は家に帰り、蒼空からもらったデータをパソコンに取り込みました。すると、空中にモンティと次の文字が浮かび上がり、音声が聞こえてきました。

```
1  print('Hello world!')
2  123 + 456
3  123 * 456
4  for x in range(10):
5      print('Hi!')
```

　「これが最初に学習するコードです」

「コード？」

　「プログラムを構成する各文のことを『コード』といいます」

「まったくの初心者なのに、いきなりこんなにたくさん、できるかなぁ……」

　「今日は、この先学習していく内容の予行練習を行います。プログラミングではこのようなことができるということが、だいたいわかれば OK ですよ」

　「は～い、おもしろそう♪」

　「では、IDLE のアイコンをダブルクリックして、IDLE を開いてください」

　「画面が現れたよ！」

```
Python 3.8.0 Shell
File  Edit  Shell  Debug  Options  Window  Help
Python 3.8.0 (tags/v3.8.0:fa919fd, Oct 14 2019,
bit (Intel)] on win32
Type "help", "copyright", "credits" or "license()"
>>> |
```

「左上に『Python 3.○.○ Shell』とあります。この画面はシェルウィンドウといいます」（※『○.○』の部分には数字が入ります。パイソンをインストールする時期によって、数字が変わります）

「これがコードを書くノートだね！ シェルウィンドウでは、コードはどこから書き始めるのかな？」

 「『>>>』の右横で縦線の『|』が現れたり消えたりしてますよね。この『|』のところから書き始めます。『>>>』は『プロンプト』といい、『|』は『カーソル』といいます」

---

1 `print('Hello world!')`

codes
```
print('○○') :
    画面上に ○○ という文字を表示する
```

words
hello : ハロー : こんにちは
world : ワールド : 世界

 「では、**1** のコードを書きましょう。コードの意味は **codes** を、英単語の意味は **words** にあります。このコードで『Hello world!』が表示されます」

Python Shell
```
>>> print('Hello world!')
```

「書けたよ！」

 「コードを書き終えたら、『Enter キー』(エンターキー) を 1 回押しましょう」

「やってみます。おお、『Hello world!』が表示された！」

Python Shell
```
>>> print('Hello world!')
Hello world!
>>>
```

「あれ？『Hello world!』の下に、『>>>』と『|』がまた現れたよ？」

「コードを書いて実行し終えると、次のコードを書くために、新たに『>>>』と『|』が表示されるのです」

「じゃあ、次のコードはそこから書けばいいんだね」

「パイソンでは 2 や 3 のような計算もできます。『*』の記号は「アスタリスク」と読み、かけ算の『×』のかわりに用います」

```
2  123 + 456
3  123 * 456
```

「2 や 3 のコードを書いて『Enter キー』(エンターキー)を 1 回押すと、計算結果が出ます。このように『Enter キー』を押して結果を表示させることを『実行する』といいます。実行後には、新しい『>>> 』と『|』が現れます」

「数字と記号の間には空白を入れるのかな？　空白はどうやってつくるの？」

「この場合は、空白を入れても入れなくてもどちらでもよいです。ここでは読みやすいように空白を入れています。『スペースキー』を押すと、空白ができます」

Python Shell
```
>>> 123 + 456
579
>>> 123 * 456
56088
```

「わ～い、計算ができたよ！　今度は 4 と 5 のコードに進もう！」

```
4  for x in range(10):
5      print('Hi!')
```

codes
```
for x in range( 数字 ):
    さまざまなコード
```
『さまざまなコード』を数字の回数くり返す

words
range：レインジ：範囲（はんい）
hi：ハイ：やぁ

「『print('Hi!')』を 10 回くり返すという意味だから、『Hi!』が 10 回表示されるのかな？　とにかくコードを書いてみよう！」

Python Shell
```
>>> for x in range(10):
        print('Hi!')
```

「あれ、２行目の最初に空白ができちゃうよ。まちがえちゃったのかな？」

「２行目の文頭の空白は自動的にできるのです。この空白部分は『インデント』といい、インデントがある部分のコードがくり返されます。くわしくは、後日学習します」

「エンターキーを押しても、まったく反応がないよ。どうしよう…」

「インデントがあるときは、エンターキーを２回押すと、実行できます」

「じゃあ、もう１回エンターキーを押すと…わ〜、たくさん出てきた！」

Python Shell

```
>>> for x in range(10):
        print('Hi!')
Hi!
Hi!
Hi!
Hi!
Hi!
Hi!
Hi!
Hi!
Hi!
Hi!
```

「コードの実行方法は重要なので、しっかり覚えておきましょう」

コードの実行方法

・通常の場合

　『Enter キー』（エンターキー）を１回押す

・文頭にインデント（空白）がある場合

　『Enter キー』（エンターキー）を２回押す

CHECK ★

（1）プログラムを構成する各文のことを何といいますか？
　　①プログラム　　　　②センテンス　　　　③コード　　　　④ライン

（2）シェルウィンドウに示されるプロンプトという記号はどれですか？
　　①＞＞　　　　　　　②＜＜　　　　　　　③＞＞＞　　　　　④＜＜＜

（3）「32 ＊ 10」の計算結果はどれでしょうか。
　　①42　　　　　　　②22　　　　　　　③320　　　　　　④3.2

（4）数字と記号の間に空白部分をつくるときには、どのキーを押しますか？
　　①スペースキー　　　②エンターキー　　　③シフトキー　　　④モンキー

（5）「Nice!」という文字を5回表示するコードをつくりました。
　　【　　】に入れる文字として正しいものを選びなさい。

```
>>> for x in 【    】(5):
        print('Nice!')
```

①rage　　　　　　②raunge　　　　　③range　　　　　④renga

コラム2
蒼空・飛翔・モンティの名前の由来

　Python（パイソン）というプログラミング言語は、1991年にオランダ人のグィド・ヴァンロッサム氏が開発しました。パイソンを日本語に直訳すると『ニシキヘビ』という意味ですが、プログラミング言語のパイソンの由来は、ニシキヘビではありません。

　ヴァンロッサム氏が『空飛ぶモンティ・パイソン』というイギリスのコメディ番組の大ファンだったので、この番組名から取って、パイソンと名付けたそうです。

　そこで、この本の登場人物の名前も、『空飛ぶモンティ・パイソン』から拝借し、蒼空、飛翔、モンティと名付けました。

　高校生で対話型AIのモンティを開発した天才少女蒼空は、オレゴン州立大学コンピュータサイエンス助教授でソーシャルロボットの研究をしているヘザー・ナイト氏をモデルにしました。

　ただし、蒼空の目的はナイト氏とちがっていて、脳神経や細胞の電位変化から、人間や動植物の意思を読み取れるAIを開発したいと考えているようです。

CHALLENGE

 「そらちゃんにあいさつするコードをつくったけど、失敗しちゃったよ」

 「コードを見せてくれる？」

 「これだよ。エンターキーを押すと、赤い変な文字が出てくるの…」

```
>>> print(Hello Sora!)
SyntaxError: invalid syntax
```

 「『SyntaxError: invalid syntax』は、コードが正しくないときに表示されます」

 「『Sora』の部分が赤く表示されているから、ここがちがっているのかな？ あ、わかった、あれが抜けてるよ！」

Q. では、飛翔のセリフをヒントに、コードを正しく直してください。

※エラーについては、『特別付録２：エラーの対処法』（164 ～ 168 ページ）にまとめてありますので、参考にしてください。

シェルウィンドウにコードを書く(2)
― 作図と辞書に挑戦しよう！

🔊 「さらにコードを試していきましょう。今度は作図に関するコードです」

```python
1  import turtle
2  turtle.shape('turtle')
3  turtle.color('red')
4  for x in range(18):
5      turtle.circle(100)
6      turtle.left(20)
```

codes

```
for x in range( 数 ):
    さまざまなコード
```
『さまざまなコード』を数の回数くり返す

```
import turtle
```
「タートル・グラフィックス」という作図
機能を使えるようにする

```
turtle.shape('turtle')
```
ペン先をカメの形にする

```
turtle.color('red')
```
ペンの色を赤にする

```
turtle.circle( 数 )
```
半径の長さが数ピクセルの円を描く

```
turtle.left( 数 )
```
数の角度だけ、ペン先を左に回転させる

words

import：インポート：取り込む
turtle：タートル：カメ（亀）
shape：シェイプ：形
color：カラー：色
red：レッド：赤
circle：サークル：円
left：レフト：左

🔊 「コードの意味に関しては、後日くわしく学習していきますので、いまはだい
たいわかればOKです。では、1と2のコードをシェルウィンドウに書いて
ください」

Python Shell

```
>>> import turtle
>>> turtle.shape('turtle')
```

「1 のコードで、作画のための機能が取り込まれ、2 のコードで、カメの形を
したペンが現れると思う」

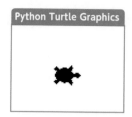

「ホントだ！ 新しい画面が出てきて、真ん中にカメさんがいるよ！次に 3 の
コードを書くと、カメさんが赤色になるのかな？」

Python Shell
```
>>> turtle.color ('red')
```

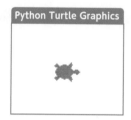

「5のコードでカメが半径 100 の円を描き、6のコードで左に20°向きを変える。
4 のコードによって、5・6 が 18 回くり返されるらしい」

Python Shell
```
>>> for x in range (18):
        turtle.circle(100)
        turtle.left(20)
```

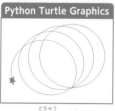

（途中の図）

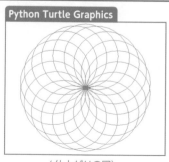

（仕上がりの図）

21

「わぁ、どんどん円ができていって、おもしろい図ができた！」

「たった6行のコードで、こんな複雑な図形ができるなんて、すごいなぁ」

「パイソンを使って『辞書』のようなものをつくることができます。その一例が7・8のコードです」

```
7  month = {1: 'January', 2: 'February', 3: 'March'}
8  month[3]
```

words		words	
month：マンス：月		January：ジャニュアリ：1月	
February：フェブラリ：2月		March：マーチ：3月	

「1月とかの月の名称を英語で書くのは難しいね。パイソンで辞書のようなものがつくれれば、すごく便利だよ」

「辞書のつくり方と使い方については、次のまとめを参考にしてください。くわしい内容は後日学習します」

> ## 辞書のつくり方
> 辞書名＝ { ○○ : □□ , ○○ : □□ , ○○ : □□ … }
>   ○○の部分を key(キー)、□□の部分を value(ヴァリュー) という
>
> ## 辞書の使い方
> 辞書名 [○○]
>   上のコードを書いてエンターキーを1回押すと、
>   ○○に対応する□□が表示される

「どこが辞書みたいなの？」

「『辞書名 [○○]』というコードを書くと、○○に対応する□□が表示されるからです」

「ということは、『month[3]』って書いたら、『'March'』が出てくるのかなぁ？　ボク、やってみるよ！」

```
>>> month = {1: 'January', 2: 'February', 3: 'March'}
>>> month[3]
'March'
```

 「'March' を呼び出せた！」

 「じゃあ、ぼくは 1 月の 'January' を出してみよう」

Python Shell

```
>>> month[1]
'January'
```

 「パイソンはいろんなことができてすごいなぁ。ボク、勉強するのがすっごく楽しみになってきたよ♪」

モンティは喜んで、飛翔の周りをクルクルと飛び回りました。

 コラム3

タートルグラフィックスの図が現れなかったら

　コードを実行してもタートルグラフィックスの図が画面上に現れない、コードを何度も見直したのに、どうして？？？　という事態に遭遇する人もいるかもしれません。

　そのような場合には、タートルグラフィックスのウィンドウが、シェルウィンドウの真下に隠れてしまっている可能性が大きいので、シェルウィンドウの最小化ボタンを押してみてください。そうすれば、隠れていたタートルグラフィックスが姿を現します！

　Windows の場合は、シェルウィンドウの右上にある『－』が最小化ボタンです。Mac の場合はシェルウィンドウの左上にある『－』が最小化ボタンです。

　　－　□　✕　　　　　　　　✕　－　●
　↑ Windows の最小化ボタン　　↑ Mac の最小化ボタン

　その後、シェルウィンドウとタートルグラフィックスのシェルの大きさを調整して左右に並べ、両方を見えるような状態に設置するとよいでしょう。

CHECK ★

カメを緑色にして、直径 160 の円を 15 個描きます。

下の 【　】 内に入れるコードや数字として、正しいものを選んでください。

Python Shell

```
>>> 【1】 turtle
>>> turtle.shape('turtle')
>>> turtle.【2】('green')
>>> 【3】 x in 【4】(18):
      turtle.circle(【5】)
      turtle.left(24)
```

【1】　① circle　② turtle　　③ import　　④ graphic

【2】　① red　　② shape　　③ green　　④ color

【3】　① circle　② for　　　③ while　　④ if

【4】　① for　　② number　③ while　　④ range

【5】　① 160　　② 80　　　③ 320　　④ 40

memo

 「モンティ、何をしているの？」

 「太陽と惑星の名前を、英語にする辞書をつくっているの。いま、金星までつくったんだ。太陽の英語を表示してみるね」

```
Python Shell
>>> stars = {'太陽': 'Sun', '水星': 'Mercury', '金星': 'Venus'}
>>> stars[1]
Traceback(most recent call last):
  File ''<pyshell#4>'', line 1, in <module>
    stars[1]
KeyError: 1
```

 「あれ、またエラーが出ちゃった。ボク、いつもまちがえてばっかりだよ」

モンティの体はみるみる小さくなっていきました。

 「モンティ。いろいろなことをチャレンジしていて、えらいよ。ぼくなんか、教わったこと以外何もやっていないから、失敗すらしていない。モンティを見習わなきゃ」

 「でも、ちゃんとできてないし……」

 「赤い文字の中に『stars[1]』とあるから、この部分を見直してみようよ」

 「あ、わかった！ 最初に勉強した月名の辞書では、『key』は『1, 2, 3』になっていたから、そのままマネして書いちゃったの」

 「そうだね。『stars[1]』ではなくて、……」

Q. 2人のセリフをヒントに、『太陽』を呼び出す正しいコードを書いてください。

コラム 4-1

IDLE（アイドル）のフォントとポイントの設定：その1

　IDLE（アイドル）を使ってプログラムを書いているときに、「別の書体がいいな」とか、「字がもう少し大きければいいのに」などと思った人がいるかもしれません。そのような場合は、自分好みのフォント（font：書体）やポイント（point：文字の大きさ）に変えることができるので、興味のある人は、試してみてください。次の手順で変更できます。

【1】
シェルウィンドウを開き、上部の
右から3番目にある『Options』を
クリックします。

words option：オプション：選択肢

【2】
『Options』の下の1行目に表示される
『Configure IDLE』をクリックします。

words configure：
　　　　　カンフィギュアー：設定する

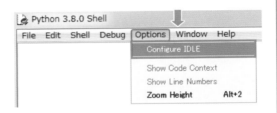

【3】
下図の赤い線で囲んだ部分から好きなフォントを選んでクリックするします。
ここでは『Fira Code』を選択しています。選んだフォントの書体は、青色で表示されます。

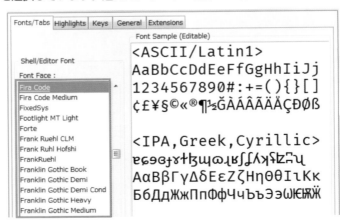

（56ページに続く）

Day

2

計算する

計算で使う記号と役割
— 計算の達人になろう！

🔊 「パイソンを使うと、普通の電卓ではできないような複雑な計算も可能です。
ここでは基本的な計算を学習しましょう。今回は次の 11 問を学習します」

1　**12345 + 67890**

2　**2 - 0.34**

3　**10 × 20**

4　**6 + 9 × 7**

5　**(6 + 9) × 7**

6　**100 ÷ 5**

7　**100 ÷ 3**　　　※割り算の答えは整数で出し、あまりも求める

8　**5 ** 10**

9　**3 ** 4**

10　**4 ** 3**

11　**64 ** (1/2)**

🔊 「パイソンで用いる記号は、算数や数学で使う記号と異なることがあるので、
気を付けましょう」

計算で使う記号 1

	【算数の記号】	【パイソンの記号】	
足し算	＋	＋	
引き算	－	－	
かけ算	×	*	（読み方：アスタリスク）
割り算	÷	/	（読み方：スラッシュ）
かっこ	（ ）	（ ）	
小数点	.	.	（読み方：ピリオド）

「まずは、シェルウィンドウを使って、1〜6を計算しましょう」

1	**12345 + 67890**
2	**2 - 0.34**
3	**10 × 20**
4	**6 + 9 × 7**
5	**(6 + 9) × 7**
6	**100 ÷ 5**

「1と2の計算式はそのまま打てばいいけれど、3〜5の『×』は『*』（アスタリスク）に変え、6の『÷』は『/』（スラッシュ）に変える必要があるね」

```
Python Shell

>>> 12345 + 67890
80235
>>> 2 - 0.34
1.66
>>> 10 * 20
200
>>> 6 + 9 * 7
69
>>> (6 + 9) * 7
105
>>> 100 / 5
20.0
```

 「できたよ！ あれ、4の『6 + 9 * 7』の答えと5の『(6 + 9) * 7』の答えがちがっている！ どうしてかなぁ？」

 「算数・数学と同じで、最初にかっこの中を計算し、次にかけ算・割り算を計算し、最後に足し算・引き算を計算するからだと思うよ」

「じゃあ、4は最初にかけ算の 9 * 7 = 63 を計算して、その答えに6を足すから、69になるんだね」

「5は最初にかっこの中の 6 + 9 = 15 を計算して、その答えに7をかけるから、105になるんだね。次の7は、どうしたらいいんだろう？」

7　**100 ÷ 3**　　　※割り算の答えは整数で出し、あまりも求める

「パイソンでは2種類の記号を使って割り算の答えとあまりを求めることができます」

計算で使う記号2

【パイソンの式】	【計算の意味】
A // B	A ÷ B の割り算の答えの整数部分
A % B	A ÷ B の割り算のあまり（※整数で計算するとき）

「シェルウィンドウを使って、7を計算してみましょう」

「『100÷3＝33』あまり1なので、『100 // 3』を実行すると33、『100 % 3』を実行すると1になるはずだ。試してみるよ！」

Python Shell

```
>>> 100 // 3
33
>>> 100 % 3
1
```

「しょう君がいってたとおりだ。すご～い！」

「8～10の『**』はどういう意味なんだろう？」

```
 8    5 ** 10
 9    3 ** 4
10    4 ** 3
```

🔊 「『**』は次のような意味です」

「ボク、こういう計算は、まだやったことがないよ」

「だいじょうぶだよ。8 の『5 ** 10』は

　　5 * 5 * 5 * 5 * 5 * 5 * 5 * 5 * 5 * 5

と同じで、5 を 10 回かけ合わせるという意味だよ」

「そうか、わかったよ！『5 * 5 * 5 * ……』というふうに式を書くのは大変だけど、『5 ** 10』だとはやく書けて便利だね！」

Python Shell
```
>>> 5 ** 10
9765625
```

「9 の『3 ** 4』と『4 ** 3』は同じ計算じゃないの？」

「『3 ** 4』は 3 を 4 回かけ合わせて、『4 ** 3』は 4 を 3 回かけ合わせるから、ちがう答えになるよ」

Python Shell
```
>>> 3 ** 4
81
>>> 4 ** 3
64
```

「最後に 11 の計算に入りましょう」

11 **64 ** （1/2）**

「『1/2』って何だろう？」

 「プログラミングでは分数は縦^{たて}に書かないで『分子 / 分母』のように横に書きます」

 「『1/2』は $\frac{1}{2}$ の意味なのか。じゃあ、『64 ** （1/2）』は『□ × □ = 64』となるような数だね。ということは、8 × 8 = 64 だから、答えは 8 だ！」

Python Shell

```
>>> 64 ** （1/2）
8.0
```

CHECK ★

Python の式で正しいものを選んでください。

（1）底辺が 4 cm、高さが 7.5 cm の三角形の面積を求める式はどれでしょう？

①4 × 7.5 ÷ 2　　②4 * 7.5 * 4

③4 / 7.5 * 2　　④4 * 7.5 / 2

（2）蒼空^{そら}は、300 円のケーキと 200 円の紅茶のセットを、7 セットも食べました。合計金額を求める式はどれでしょう？

①300 + 200 × 7　　②300 + 200 * 7

③（300 + 200）* 7　　④（300 + 200）/ 7

（3）123 を 7 で割ったときの、あまりを求める式はどれでしょう？

①123 ÷ 7　　②123 % 7　　③7 % 123　　④123 %% 7

（4）1 辺が 8 cm の立方体の体積を求める式はどれでしょう？

①8 ** 2　　②8 ** 8　　③8 ** 3　　④8 / 3

（5）面積が 841 cm² の正方形の 1 辺の長さを求める式はどれでしょう？

①841 / 2　　②841 ** 2

③841 * 2　　④841 ** （1/2）

CHALLENGE ★★★

「しょう君、ゲームをやってるの？」

「うん。同じ色のボールを3個以上つなげるんだ。このゲームでは、同じ色のボール3個以上の1セットを『コンボ』といって、コンボ数が大きいと『攻撃力』が大きくなるんだよ」

「どれくらい大きくなるの？」

「1コンボは1倍、2コンボは1.25倍、3コンボは1.5倍、4コンボは1.75倍と、0.25ずつ増えていく」

「それじゃあ、5コンボだと、1＋0.25×5＝2.25倍だね。あれ？　ちょっと大きすぎるかなぁ……」

「正しくは、『1＋0.25×（コンボ数－1）』で、計算するんだ。
5コンボのときは1＋0.25×（5－1）＝2で、攻撃力は2倍になるよ」

「わかった。あ、しょう君、8コンボだ！　すごい！」

「もともとの攻撃力は1260だから、8コンボだと攻撃力はいくつになるかな？　モンティ、シェルウィンドウで計算してくれる？」

「まかせといて！」

Q. モンティといっしょに、攻撃力を求めるコードを書いて、計算結果を出してください。

Stage

6

計算における変数の利用
― 変数を使えば、気分はプログラマー！

「今回は、変数を用いた計算を学習します。」

「変数？」

「たとえば、□ ＋ 12 ＝ 20 の場合、□＝ 8 になりますね」

「□の計算なら、ボク、わかるよ！」

「□のかわりにアルファベットで考えましょう。a ＝ 8、b ＝ 5 のとき、a × b ＝ 8 × 5 ＝ 40 となります。このときのa や b を『変数』といいます」

「だんだん変数がわかってきたよ」

「変数には数字や文字をあてはめることができます。シェルウィンドウを開いて、次のコードを書きましょう。エンターキーを打つ前に、答えを予測してください」

```
1  a = 10
2  a + a
```

「a ＝ 10 だから、a ＋ a ＝ 10 ＋ 10 ＝ 20 になるのかなぁ？ 確かめてみる！」

Python Shell
```
>>> a = 10
>>> a + a
>>> 20
```

「すごい、モンティの予測が当たったね！」

「次に、3 〜 4 の計算式について考えましょう」

```
3  b = 20
4  b = b + b
```

「b = 20 で、b + b = 20 + 20 = 40 だから、『b = b + b』という式は変じゃないかなぁ？」

 「『b = b + b』という式は数学的には変ですが、プログラミングでは使います。プログラミングでは、変数を、数や言葉を入れる『箱のようなもの』として考えます」

「箱？」

「たとえば a = 10、b = 20、c = 30 と書くと、箱の中にこれらの数が入っていくと考えてください」

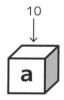 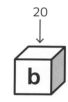

「また、変数には特有の性質があります。a = 10 と代入した後に、a = 20 と書くと、a の中の数字が 20 に入れ替わるのです」

 ⇒ a = 20 ⇒

「したがって、『a ＝ ○○』は『a は○○と等しい』という意味ではなくて、『a の箱に○○を入れる』、すなわち『a に○○の値を代入する』という意味になります」

 「ということは、b = 20 と代入した後に『b = b + b』と書くと、『b の箱の中に 20 + 20 の数を入れる』という意味になるので、b = 40 になるのかなぁ？」

 「じゃあ、やってみようよ！」

Python Shell

```
>>> b = 20
>>> b = b + b
>>>
```

「あれ？　式を書いた後に、エンターキーを押しても、何も出てこないよ」

 「『b = b + b』という式を書いただけでは、b の値は示されません。b の値を確認するためには、b を書いた後にエンターキーを押します」

 「よし、やってみよう」

Python Shell

```
>>> b = 20
>>> b = b + b
>>> b
40
```

  「b が 40 になった！」

 「変数には数字のほかに、文字を代入することもできます。文字については、後日まとめて学習します」

 「変数に文字も代入できるなんて、数学とちがっていておもしろいね」

 「変数名の付け方にはいくつかの規則がありますので、それを以下にまとめておきます」

変数名の付け方

- なるべく意味のある名称を付ける
- アルファベットの小文字が望ましい
- 数字で始めてはいけない
  たとえば、2cats は使えないけれど、cats2 は使える
- 記号（'　'，<，>，/，（），!，?）などは使えない
- スペース（空白）は使えないが、_（アンダーバー）は使える
- if，for などのように、コードで用いる言葉は使えない

 「それでは、変数を使って円の面積を計算しましょう。半径を hankei、円周率の 3.14 を pi で表し、面積を求める式をつくりましょう」

 「円の面積は半径×半径× 3.14 だから『hankei * hankei * pi』で計算できるよ。あ、『hankei ** 2 * pi』でも計算できるね」

「では、半径が 5 cm の円の面積を、変数を使って計算してください」

「『hankei=5，pi=3.14』として、『hankei ** 2 * pi』を計算してみよう」

Python Shell

```
>>> hankei = 5
>>> pi = 3.14
>>> hankei ** 2 * pi
78.5
```

「同様にして、半径が 8 cm の円の面積を求めてください」

「3.14 は同じだから、半径だけ入れ直して計算してみるよ」

Python Shell

```
>>> hankei = 8
>>> hankei ** 2 * pi
200.96
```

「ボクにも変数を使った計算ができた。なんか、カッコイイね♪」

「変数を使えば、気分はプログラマーだね！」

コラム 5

割り算の型について：答えに小数点が表示される理由

　シェルウィンドウで『10 / 2』を計算すると、答えとして『5.0』が表示されます。10 ÷ 2 は割り切れるのに、どうして答えが「5」ではなく「5.0」になるのでしょうか。

　実は、Python（パイソン）で使える数には、おもに「整数型」と「小数型」という 2 種類の型（タイプ）があります（※データのタイプについては、Stage13 で学習します）。整数どうしの足し算やかけ算では、答えが必ず整数になるので 整数型で計算結果が返ってきます。一方、「/」を使って整数どうしの割り算をすると、答えが割り切れるかどうかにかかわらず小数型で計算結果が返ってくる、という特徴があります。

　パイソンでは整数型と小数型の数、小数型の数どうしの計算をすると正確に計算できないことがあるので、できるだけ整数型の数どうしで計算をしたほうがよいです。なぜ小数型の数の計算が正しくできないことがあるのかは、147 ページのコラム 9 で説明します。　　　　　　（Y.H.）

CHECK ★

以下は、変数を使った計算です。
【1】～【5】にあてはまる数字を求めてください。

Python Shell

```
>>> a = 10
>>> b = 20
>>> a + b
【1】
>>> a = 30
>>> a + b
【2】
>>> b = b * b
>>> b
【3】
>>> c = 15
>>> d = 3.14
>>> c ** 2 * d
【4】
>>> a = 10
>>> b = 20
>>> c = 30
>>> a = b
>>> c = a * b
>>> b = c
>>> b
【5】
```

CHALLENGE ★★★

「モンティ、難しい顔して、どうしたの？」

「地球や月は、ボクと比べてどれくらい大きいのか、考えていたんだ」

「モンティはいつもいろんなことを考えていて、えらいなぁ。そうだ、いっしょに体積を計算してみようよ」

「わ～い、おもしろそう！ でも、ボク、式がわからないよ」

「地球や月は球形をしているから、球の体積の求め方がわかればいいね。ネットで調べてみるよ。……わかった！ 球の体積は、半径×半径×半径× 3.14 × 4 ÷ 3 で求まるんだって」

「それじゃあ、変数を使って計算してみよう！ 半径の変数名を hankei として、pi＝3.14 とすると、『hankei ** 3 * pi * 4 / 3』でいいかな？」

「ナイス！」

「あ、地球と月の半径がわからないんだった……」

「それも調べてみるよ。わかった。地球の半径は 6371 km で、月の半径は 1737 km だよ」

「最初に hankei ＝ 6371 として、次に hankei ＝ 1737 とすれば、地球と月の体積がわかる！ やったぁ！」

Q. みなさんも変数を使って、地球と月の体積を求めてください。

39

関数の設定と実行
― 関数は魔法の箱 ?!

 「まずい、忘れてた」

 「どうしたの？」

 「理科の計算の宿題があったのを忘れてたよ。あ～あ、数値を入れると自動的に答えを計算してくれる魔法（まほう）の箱があればいいのになぁ」

 「これから、関数を使った計算を学習します。関数を使えば、数字を代入するだけで計算結果がわかります」

 「しょう君、関数は魔法の箱みたいだよ！」

 「関数を使った計算の基本的なコードは以下になります」

関数を使った計算の設定方法・実行方法

【関数の設定】

```
def 関数名 ( a, b など ) :
    return  計算式
```

【関数の実行】

```
関数名 ( a, b など )
```

 「全然意味がわからないよ。そもそも関数って何なの？」

 「同じ計算を何回もくり返すようなときに、関数名や計算式などを書いて関数の設定をします。いったん設定をしてしまえば、関数名と数値だけ書けば、式を書かなくても自動的に計算をしてくれるのです。これが関数の実行です」

 「すごく便利そうだね」

 「上のまとめだけでは意味がわかりにくいので、これから関数の設定方法と実行方法について、くわしく説明していきますね」

関数の設定方法（詳細版）

【1行目】

①『def』と書く

②『関数名』を付ける（※関数名の付け方のきまりは、変数名と同じ）

③『(a, b)』などと書く

　　　計算する数が1つのときは（a）, 2つのときは（a, b）,

　　　3つのときは（a, b, c）のように書く

　　　代入する値がない場合は、『( )』と書く

④『:』を書く

　　　最後に『:』（コロン）を忘れずに付ける

⑤エンターキーを1回押して改行する

【2行目以降】

⑤文頭にインデント（空白）ができる

　　　『:』の後にエンターキーを押すと、次の行の文頭には自動的に

　　　インデントができる

⑥『return』と書き、スペースキーを1回押してから『計算式』を書く

　　　【計算式の例】

　　　・2つの数を足すとき　　　　→『a + a』

　　　・3つの数をかけ合わせるとき →『a * b * c』

【最後】

⑦エンターキーを2回押して、設定完了

「def（デフ）はdefinition（デフィニション）の省略形で『定義する』という意味で、return（リターン）は『計算結果を表示する』という意味です。関数は複雑そうにみえますが、実際にやってみると案外簡単です」

words

definition：デフィニション：定義　　　　　　return：リターン：返事をする、答える、もどす

「じゃあ、がんばってみるよ！」

「では、2つの数字を足し合わせる関数をつくりましょう。足し算は英語でaddition（アディション）というので、関数名を『add2』として、関数を設定してください」

「①は『def』、②は『add2』、③は2つの数だから『(a, b)』、④は『：』になるから、1行目は『def add2(a, b):』でいいのかな？」

「そうだね！ そして、⑥は『return』を書いて、その後は、2つの数を足すので『a + b』だね。まとめると、『return a + b』と書いて、⑦のエンターキーを2回押せばいい。よし、関数を設定しよう」

Python Shell
```
>>> def add2(a, b):
        return a + b
```

「関数が設定できたら、関数の実行をしましょう。関数に数字を入れて、計算結果を表示するのです。これは、次の手順で行います」

関数の実行（詳細版）
①『関数名』を書く
　　上記の問題の場合は『add2』と書く
　　defは付けないので、気をつけましょう
②関数名の後ろに『(　)』を書き、(　)内に計算したい数字を入れる
　　数字と数字の間は『,』（カンマ）で区切る
　　2つの数字を計算するときは『(5, 10)』などのように書き
　　3つの数字を計算するときは『(5, 10, 15)』などのように書く
③エンターキーを1回押す

「では、123と456を足した結果を表示してみましょう」

「①の関数名は『add2』で、②では『(123, 456)』と書いて、③でエンターキーを1回押せばいいかなぁ？ やってみる！」

Python Shell
```
>>> add2(123, 456)
579
```

「わ～い、関数を使って計算ができたよ!!! もっと練習したいなぁ」

42 ▶関数の設定と実行

「３つの数を足し合わせる関数はつくれますか？」

「できるよ。関数名を『add3』とするね。３つの数を計算するから１行目は
『def add3(a, b, c):』で、２行目は『a + b + c』だよね」

「モンティ、『return』を忘れてるよ！」

「いけない！『return a + b + c』とすれば、関数の設定が完成だね！」

Python Shell

```
>>> def add3(a, b, c):
        return a + b + c
```

「では、123 と 456 と 789 を足した結果を表示してください」

「『add3(123, 456, 789)』と書いてエンターキーを１回押せばいいね」

Python Shell

```
>>> add3(123, 456, 789)
1368
```

「次は、正方形の面積を求めましょう。正方形は英語で square（スクエア）
というので、関数名は square としてください」

「OK! １行目は『def square(a, b):』でいいかな？」

「モンティ、正方形の面積は『１辺の長さ×１辺の長さ』だから、使う数値は
１種類だけだよ」

「そうか！正しく直すと、『def square(a):』だね」

「２行目は『return a * a』または『return a ** 2』のどちらでもいいね。
これで関数が設定できた」

Python Shell

```
>>> def square(a):
        return a ** 2
```

「それでは、関数を使って、１辺の長さが 10cm の正方形の面積を計算して
ください」

Python Shell

```
>>> square(10)
100
```

「最後に三角形の面積を求めましょう。三角形は英語で triangle（トライアングル）というので、関数名は triangle とし、底辺が 28cm で高さが 10cm の三角形の面積を計算してください」

「三角形の面積は『底辺×高さ÷2』だから、変数は高さと底辺の2つが必要だよね。関数の設定も実行も、まかせて！」

Python Shell

```
>>> def triangle(a, b):
        return a * b / 2
>>> triangle(28, 10)
140.0
```

CHECK ★

割り算のあまりを求める関数をつくり、100 ÷ 3のあまりを計算します。
【1】～【5】に入れる正しいものを選んでください。

Python Shell

```
>>>【1】 amari(【2】)【3】
        【4】 a % b
>>> amari(100,3)
【5】
```

```
【1】 ① de        ② defini   ③ defi      ④ def
【2】 ① a, b      ② a, b, c  ③ a,        ④ a
【3】 ① ,         ② .        ③ :         ④ ;
【4】 ① def       ② return   ③ kansu     ④ amari
【5】 ① 1         ② 103      ③ 300       ④ 33.3
```

CHALLENGE ★★★

「しょう君の理科の宿題では、どんな問題が出たの？」

「建物の屋上などから物体を落としてから地面に到着するまでの時間が与えられていて、その時間から、建物の高さを求めるんだよ」

「屋上から物を落としたら危ないから、ダメだよ！」

「実際にはやらないよ。計算上のことだと考えてね。では問題に取りかかろう。時間を a 秒とすると、『a × a × 9.8 ÷ 2』で、高さ〔m〕が求まるんだ」

「その式を使えば関数がつくれるね。高さって英語でなんていうの？」

「height(ハイト) だよ」

「じゃあ、関数名は height にしようよ。これで関数が設定できるよね」

「理科の宿題では、問 1 は 11.375 秒、問 2 は 27.76 秒になっているから、関数にこの数字を入れれば、高さが求まるね」

Q. 関数を完成させて、問 1・2 の答えを求めてください。
　なお、問 1 はある有名な建物、問 2 はある有名な山の高さになっています。
　建物名と山の名前を当ててください。

8 エディタウィンドウとデータの保存

― 新規の8ステップ、実行の4ステップ、リサイクルの10ステップ

「これまでシェルウィンドウにコードを書いてきました。シェルウィンドウは手軽で便利なのですが、いったんエンターキーを押すとコードが書き直しできません」

「その点はどうにかできないのかな？」

「実は、IDLE（アイドル）には、コードを書く場所として、『シェルウィンドウ』と『エディタウィンドウ』の2種類があるのですが、エディタウィンドウを使えば、エンターキーを押した後でも何度も書きかえができます」

「それは便利だね！ その他に、ちがいはあるの？」

「シェルウィンドウは、コードのすぐ下に結果が表示されますが、エディタウィンドウの場合は、別のウィンドウに結果が表示されます。また、エディタウィンドウには『>>>』がありません」

「エディタウィンドウは長いコードを書くのに適しているんだね」

「それに、ファイル名を付けて保存するのにも適しています」

「ファイル名が付けられるなんて、すごいや！ はやくエディタウィンドウを使いたいよ！」

「Stage10 からエディタウィンドウを本格的に使い始めるのですが、前もって、ここで、エディタウィンドウに新しいファイルを作成して保存する方法を学習しておきましょう」

「ところで、エディタウィンドウってどこにあるの？」

「シェルウインドウを経由して開きます。手順は以下の Step で説明していきます。まずは、シェルウィンドウを開いてください」

★★★

「 Step 5 と Step 6 は、Windows と Mac で使い方がちがってくるので、注意してください」

★★★

Step 1

シェルウィンドウを開き、
左上の『**File**』をクリックします。

> words file：ファイル：ファイル

Step 2

『**File**』の下に新たなウィンドウが
表示されます。
1番上の『**New File**』をクリック
すると、新しいファイルが作成できます。

> words new：ニュー：新しい

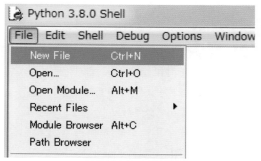

Step 3

新しい画面が現れます。
これがエディタウィンドウです。
左上に『**untitled**』と表示されます。

> words untitled：
> アンタイトルド：タイトルなし

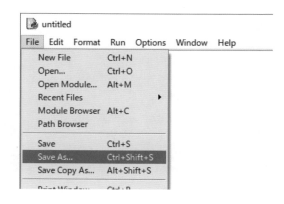

Step 4

ファイル名を付けるため、
再度、左上の『**File**』をクリックし、
上から8番目の『**Save As…**』を
クリックします。

> words save as：セイブ　アズ：
> （〜というタイトルで）保存する

【Windows の場合】

Step 5

左枠から保存場所を選んでクリック
します。保存場所にはうすく青い色が
付きます。

※図では『ドキュメント』を選んでいます。

Step 6

ファイル名を付けたら、
『保存』ボタンをクリックします。

※図でのファイル名は『計算1』

これで、ファイルに名称が付けられ、
選択した場所に保存されました。

【Mac の場合】

Step 5

『Where』と書かれている場所から
保存場所を選びます。

※図では『Documents』を選んでいます。

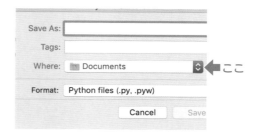

Step 6

ファイル名を付けたら、
『Save』ボタンをクリックします。
※図でのファイル名は『計算1』です。

これで、ファイルに名称が付けられ、
選択した場所に保存されました。

← ここ

← ここ

Step 7

エディタウィンドウの右上に、
『**untitled**』の代わりに『**計算1**』と
いうファイル名が付けられたことを
確認してから、コードを書きます。

エディタウィンドウには『>>>』がないので、左上からコードを書き始めます。

Step 8

コードを書き終えたら『**File**』を
クリックし、上から7番目の『**Save**』を
クリックします。

これで、ファイルが保存されました。

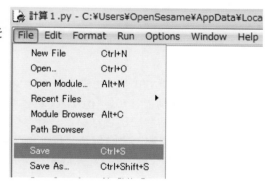

 「以上を 新規の8ステップ といいます」

 「ふ〜、準備するだけで大変だ」

 「ボク、ちゃんと覚えられるか自信がないよ……」

 「今後何度も出てくるので、最初のうちは、まとめを見ながら進めましょう。
　そのうち自然と覚えてしまうので、心配無用ですよ」

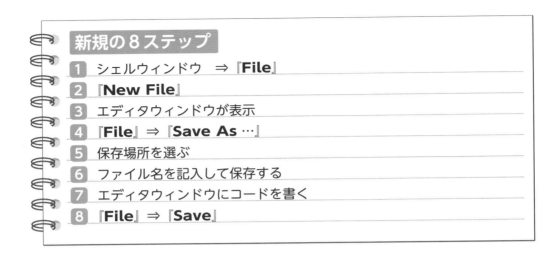

新規の8ステップ

1. シェルウィンドウ ⇒『**File**』
2. 『**New File**』
3. エディタウィンドウが表示
4. 『**File**』⇒『**Save As …**』
5. 保存場所を選ぶ
6. ファイル名を記入して保存する
7. エディタウィンドウにコードを書く
8. 『**File**』⇒『**Save**』

🔊 「エディタウィンドウでは、全コードを書き終えてから『実行』の指令を出します。そこで、エディタウィンドウに書いたコードの実行方法を説明します」

Step 1

エディタウィンドウにコードを書きます。

```
*計算式1.py - C:/Users/OpenSesame/Desktop/計算式1.py (3.8.0)*
File Edit Format Run Options Window Help
x = 1 * 2 * 3
print(x)
```

🔊 「補足説明ですが、エディタウィンドウでは、計算式だけ書いても計算結果は表示されません。『print(x)』のコードを書いて、『xの結果を表示する』という指令を出さないと、計算結果は表示されないので、注意しましょう。では、手順の説明にもどります」

Step 2

左上の『**File**』をクリックし、上から7番目の『**Save**』をクリックします。これで、記入したコードがファイル内に保存されます。

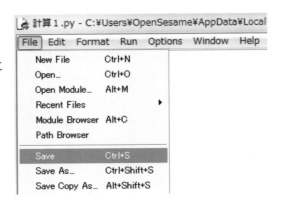

```
計算1.py - C:¥Users¥OpenSesame¥AppData¥Local
File Edit Format Run Options Window Help
New File        Ctrl+N
Open...         Ctrl+O
Open Module...  Alt+M
Recent Files          ▶
Module Browser  Alt+C
Path Browser
Save            Ctrl+S
Save As...      Ctrl+Shift+S
Save Copy As... Alt+Shift+S
```

Step 3

上部の左から4番目の『Run』を
クリックし、1番上に表示されている
『Run Module』をクリックします。

words run：ラン：実行する
module：モジュール：モジュール

Step 4

シェルウィンドウが現れ、ファイル名と
コードの結果が表示されます。

※図では、『1 ＊ 2 ＊ 3』の計算結果の『6』
が表示されています。

🔊 「以上を 実行の4ステップ と名づけます。これも最初は、下のまとめを見な
　　がら、進めていってください」

実行の4ステップ

1 エディタウィンドウにコードを書く
2 『File』⇒『Save』
3 『Run』⇒『Run Module』
4 シェルウィンドウにコードの結果が表示

🔊 「最後に、ファイルのリサイクル方法について説明します」

 「ファイルのリサイクル？」

🔊 「以前つくったファイルの一部のコードを書きかえて、新しいファイルをつく
　　ることができます。私は『ファイルのリサイクル』とよんでいます」

👦 「一般的な名称ではなくて、蒼空せんぱい独自のよび方なんだね」

🔊 「先ほど作成した『計算1』のファイルをリサイクルして、『計算2』というファ
　　イルをつくっていきましょう。では、手順の説明に入ります」

Step 1

シェルウィンドウを開き、左上の『**File**』をクリックします。

Step 2

『**File**』の下にサブメニューが表示されます。上から2番目の『**Open…**』をクリックします。

※保存してあるファイルを開いていきます。

words open：オープン：開く

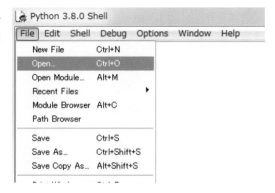

Step 3

左枠から保存した場所を選んでクリックします。クリックすると、うすい色が付きます。

※図では『ドキュメント』を選んでいます。

Step 4

『計算1』のファイル名をクリックします。Windowsでは右下の『開く』ボタンを、Macでは『OPEN』ボタンをクリックします。

Step 5

選択したファイルがエディタウィンドウ
上に表示されます。

※ここでは『計算1』がエディタウィンドウに
　　表示されています。

```
x = 1 * 2 * 3
print(x)
```

Step 6

新たなファイル名を付けるため、左上の
『**File**』をクリックし、上から8番目の
『**Save As**…』をクリックします。

Step 7

保存場所を選んでクリックします。

Step 8

ファイル名を『計算1』から『計算2』に書きかえます。
左上の『**File**』をクリックし、上から7番目の『**Save**』をクリックして保存します。

Step 9

エディタウィンドウが開くので、右上に『計算2』という新たなファイル名が表示されていることを確認してから、コードを書く。

Step10

『**File**』をクリックし、『**Save**』をクリックします。これで新たに記入したコードが『計算2』というファイルとして保存されます。

🔊　「以上を　リサイクルの 10 ステップ　といいます」

> ### リサイクルの 10 ステップ
> 1 シェルウィンドウ　⇒『**File**』
> 2 『**File**』⇒『**Open …**』
> 3 保存場所をクリック
> 4 リサイクルするファイル名をクリックして開く
> 5 エディタウィンドウが開く
> 6 『**File**』⇒『**Save as …**』
> 7 保存場所をクリック
> 8 ファイル名を書きかえて保存
> 9 エディタウィンドウにコードを書く
> 10 『**File**』⇒『**Save**』

 「これからは、目的に応じてシェルウィンドウとエディタウィンドウを使い分けていきます。最後に、エディタウィンドウを使う練習をしましょう。1〜9までの数字で、好きな数字を1つ選んでください」

「ボクは7がいいな」

 「その数字に9をかけて、さらに12345679をかける式を立ててください。なお、12345679には8が含（ふく）まれないので、注意してくださいね」

 「まずは 新規の8ステップ の 1 から 6 まで進めよう。ファイル名は、『変な計算1』としておくね」

「7 で、いよいよエディタウィンドウにコードを書くよ。これでいいかな？」

変な計算 1 .py
```
7 * 9 * 12345679
```

 「計算式を表示するためには、『print( )』をつけないといけないよ」

 「いけない、忘れてた。式に x という変数をつけて、書き直したよ」

変な計算 1 .py
```
x = 7 * 9 * 12345679
print(x)
```

「⑧で保存すれば、新規ファイルの完成だ。次は 実行の４ステップ だね。
１と２はすんでいるから、③と④をやるとシェルウィンドウが現れた！」

```
Python 3.8.0 Shell
File  Edit  Shell  Debug  Options  Window  Help
========== RESTART: C:/Users/OpenSesame/Desktop/変な計算1.py ==
===
777777777
>>>
```

「わぁ、７がいっぱいだよ。次はしょう君の選んだ数で計算しよう」

「僕は２にしよう。 リサイクルの10ステップ の１から⑧まで進めて、ファ
イル名は『変な計算２』にしたよ」

変な計算2.py

```
x = 2 * 9 * 12345679
print(x)
```

「 実行の４ステップ をやると、わぁ、こんどは２がいっぱいだよ！」

```
Python 3.8.0 Shell
File  Edit  Shell  Debug  Options  Window  Help
========== RESTART: C:/Users/OpenSesame/Desktop/変な計算2.py ===
===
222222222
>>>
```

「おもしろいなぁ。他の数でも試してみようよ。あ、その前に、シェルウィン
ドウとエディタウィンドウの比較のまとめをつくっておこうね」

シェルウィンドウとエディタウィンドウの比較

【シェルウィンドウ】

・短いコードに便利で、ファイル名は表示されない

・『 >>> 』（プロンプト）が表示される

・結果はコードのすぐ下に表示（同じウィンドウ内に表示）→結果がすぐにわかる

・いったんエンターキーを押すと、コードの書きかえができない

【エディタウィンドウ】

・長いコードに便利で、ファイル名が表示される

・『 >>> 』（プロンプト）が表示されない

・結果は別のウィンドウ（シェルウィンドウ）に表示→結果はすぐにはわからない

・コードの実行前ならば、何度でもコードを書きかえられる

コラム 4-2

IDLE（アイドル）のフォントとポイントの設定：その２

（26 ページの『コラム 4-1』の続きです）

【4】

赤色の線で囲んだ部分の、右側にある小さい長方形を
クリックすると数字が現れます。
数字をクリックすると、フォントの大きさが指定でき
ます。ここでは『20』に指定しています。

※いろいろと試してみて、自分が使いやすい大きさを
見つけてください。

【5】

最後に左下にあるＯＫをクリックすると、
元のシェルウィンドウにもどります。
これで、設定完了です。

★フォントについて★

　この本のコードは、『Fira Code』というフォントで書いています。『Fira Code』は、
プログラミングに最も適したフォントの１つとして人気があります。しかし、IDLE には最
初は組み込まれていないので、自分でダウンロードする必要があります（無料でダウンロー
ドできます）。

　『Fira Code』の特徴の１つとして、数字のゼロ『0』とアルファベットのオー『O』、数
字のいち『1』とアルファベットのエル『l』が見分けやすくなってことがあげられます。また、
『Fira Code』は、アルファベットの文字の幅が等しくなっている『等幅フォント』の１つで、
プログラミングをするうえで読みやすくなっています。

Day 3 描く

タートルグラフィックスの基本
— ゆっくりカメさん、絵を描く！

🔊 「これから『Turtle Graphics（タートルグラフィックス）』という機能を用いて、
線や絵を描く方法を学びましょう」

```
1  import turtle
2  turtle.circle(100)
3  turtle.clear()
```

codes

import turtle
　『タートルグラフィックス』という
　作図機能を使えるようにする
turtle.circle(数字)
　半径の長さが(数字)ピクセルの円を描く
turtle.clear()
　それまでに描いた図を消す

words

import：インポート：取りこむ
turtle：タートル：カメ（亀）
circle：サークル：円
clear：クリアー：取りのぞく

🔊 「今回は実行結果をすぐに見たいので、シェルウィンドウを使います。では、
1 と 2 のコードを書いてください」

Python Shell

```
>>> import turtle
>>> turtle.circle(100)
```

 「別の画面が現れて、円ができたよ。これが、半径 100 ピクセルの円だね。
ところで、ピクセルって何？」

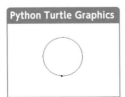

Python Turtle Graphics

🔊 「ピクセルとは、画面上の大きさの単位です」

「1 ピクセルは何 mm（ミリメートル）なの？」

「PCの解像度（画面をどれくらいまで細かく識別できるか）により変わるので、
何 mm かはきちんと規定できません。この円の半径が 100 ピクセルなので、
これを基準に考えてください。次に 3 のコード書くと、図が消えます」

```
>>> turtle.clear()
```

「ほんとに円が消えちゃったよ！　図を描き直したいときに便利だね♪」

「次は 4 ～ 7 のコードです」

```
4  t = turtle.Pen()
5  t.shape('turtle')
6  t.speed(1)
7  t.forward(100)
```

 codes

```
t=turtle.Pen()
```
　描画に関するコードで、『turtle』の代わりに
　『t』を用いる
```
t.shape(' 形 ')
```
　ペン先の形を設定。形には下記のものがある

　　　('turtle')　　　　　('circle')

　　　('square')　　　　('triangle')

```
t.speed( 数字 )
```
　0 ～ 10 までの数字で線を描くスピードを設定
```
t.forward( 数字 )
```
　前方へ数字（ピクセル）だけ進んで線を描く

words

pen：ペン：ペン
shape：シェイプ：形
square：スクエア：四角形
triangle：トライアングル：三角形
speed：スピード：速さ、速度
forward：フォワード：前方へ

「4 のコードを書けば、本来ならば『turtle』と打つべきところを『 t 』と
だけ打てばすむので、速くコードが打てるようになります」

「『turtle.shape('turtle')』と書くところを、『t.shape('turtle')』
と書けばいいことになるんだね。これは楽だ！」

「『 t 』以外の好きな文字や単語も使えます。なお、『turtle.Pen( )』の『P』は小文字ではなくて大文字で書くので、注意してくださいね」

「5 のコードでは、ペンの形をカメさんの形に設定するんだね」

「6 では作図のスピードを調整しています。1 が最も遅く、数が大きくなるにつれて速くなります。0 または 11 以上の数を入れると最速になります」

「7 のコードで、カメが前へ 100 ピクセル進むんだね。僕はスピードを 1 にするから、モンティはちがうスピードにしてみなよ」

「ボクは 5 にする。コードを書いたら同時にエンターキーを押して競争だよ！」

Python Shell

```
>>> t = turtle.Pen()
>>> t.shape('turtle')
>>> t.speed(1)
>>> t.forward(100)
```

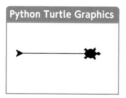

Python Turtle Graphics

「本当に速さが変わるんだ。モンティの勝ちだよ」

```
8  t.right(90)
9  t.backward(100)
10 t.left(90)
```

codes

t.right(数字)
　数字の角度だけ右へペン先が回転する
t.backward(数字)
　後方へ数字（ピクセル）だけ進んで線を描く
t.left(数字)
　数字の角度だけ左へペン先が回転する

words

right：ライト：右
backward：バックワード：後方
left：レフト：左

「最後のコードです。まずは 8 だけ書いて実行してください」

Python Shell
```
>>> t.right(90)
```

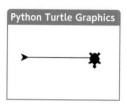

 「8 のコードでカメさんは下を向いたよ。コードには right とあるから、右を向くはずなのに、どうして下を向くの？」

 「進行方向や曲がる向きは、カメから見た方角になります。カメの頭が前、尾が後ろで、右手の方向が右側、左手の方向が左側になります」

「最初カメは右側を向いているから、『forward』で画面右側に進み、『right(90)』で右手の方向に 90°回転するから、画面の下側を向くんだね！」

 「9 のコードを実行するときは下側を向いているから『backward』で上に進み、10 の『left(90)』で左手側に 90°回転するから、画面の右側を向くんだ！」

```
                          尾   後方 (backward)
       右手  右 (right)                  左手  左 (left)
                          頭   前方 (forward)
```

「試してみよう！」

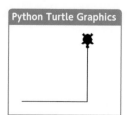   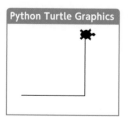

CHECK ★

（1）タートルの作画機能を取りこむためのコードはどれでしょう？

①`turtle passport`　②`turtle import`
③`passport turtle`　④`import turtle`

（2）作画に関するコードで、『`turtle`』のかわりに『`t`』を使いたいときにはどのコードを書きますか？

①`t = Turtle`　②`t = turtle.Pen`
③`t = Pen()`　④`t = turtle.Pen()`

（3）『`t.shape('circle')`』というコードを打つと、ペンはどんな形になりますか？

①カメ　　②円　　③三角形　　④正方形

（4）ペンを後方に200ピクセル進ませて線を描くには、どのコードを打てばいいですか？

①`t.forward(200)`　②`t.back(200)`
③`t.(200)`　④`t.backward(200)`

（5）いま、タートルは右側を向いています。　
向きを変えて

このような向きにするには、どのコードを打てばいいですか？

①`t.forward(90)`　②`t.backward(90)`
③`t.left(90)`　④`t.right(90)`

CHALLENGE ★★★

 「モンティ、何を見ているの？」

 「さっき、タートルで描いた図をスマホで撮ったの。それを見ているの」

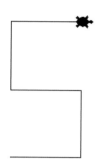

 「おもしろい形だね。どうやって描いたの？」

 「コードを消しちゃったから、わからなくなっちゃったの」

 「いっしょに考えて、もう一度描いてみようよ。カメは何ピクセル進ませた？」

 「進むのは全部『forward(100)』にしたよ」

 「それなら、曲がる方向だけ考えていけばいいから、わかるんじゃないかな」

Ｑ．２人の会話から、モンティが描いた図のコードを推測し、同じ図を描いて
　　ください。

タートルグラフィックスの画面・色の設定
— タートルグラフィックスは色彩の魔術師だ！

🔊 「今回は、Stage8 で学習したエディタウィンドウを使っていきます。最初に 新規の８ステップ で『図形１』というファイルをつくり、以下のコードを書いていきましょう」

```
1  import turtle
2  t = turtle.Pen()
3  t.shape('turtle')
4  t.speed(1)
5  s = turtle.Screen()
6  s.setup(800, 600)
7  s.bgcolor('cyan')
```

codes

s=turtle.Screen( )
　画面設定に関するコードで、『turtle』の
　代わりに『s』を用いる

s.setup(数字１ , 数字２)
　画面の横の長さを数字１ピクセル、縦の長
　さを数字２ピクセルに設定する

s.bgcolor(' 色 ')
　画面の背景の色を設定する
　色は英語で書き『'　'』で囲む

words

screen：スクリーン：画面
setup：セットアップ：設定、配置
bg：ビージー：background（バックグラウンド）
　　　　　　　の省略形で「背景」という意味
color：カラー：色
cyan：シアン：水色

「１〜４のコードは、前回と同じだね」

「５のコードは、２と似てるけど、『Pen』の代わりに『Screen』になってるよ」

🔊 「５のコードで、画面設定に関するコードにおいて、『turtle』のかわりに『s』が使えるようになります。『Screen( )』の『S』は小文字ではなくて大文字になっているので、気をつけてください。
　６では画面のサイズを、７では画面の背景の色を設定しています」

「『s.setup(800，600)』だと、画面の大きさはどうなるの？」

「( ) の中にある最初の数字は画面の横の長さで、2番目の数字は縦の長さを示しているから、横が800ピクセルで、縦が600ピクセルだよ」

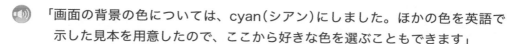「画面の背景の色については、cyan（シアン）にしました。ほかの色を英語で示した見本を用意したので、ここから好きな色を選ぶこともできます」

black	blue	brown	gray	green	orange
pink	red	purple	white	yellow	indigo
beige	magenta	light green		yellow gleen	
cyan	gold	lavender		light blue	

「じゃあ、1～7までのコードを、エディタウィンドウに書こう」

画面1.py

```python
import turtle
t = turtle.Pen()
t.shape('turtle')
t.speed(1)
s = turtle.Screen()
s.setup(800, 600)
s.bgcolor('cyan')
```

「書き終わったら 実行の4ステップ だね。きれいな水色の画面になったよ！」

Python Turtle Graphics

「次に、線の太さや線の色を変えるコードを加えていきます」

```
8  t.width(3)
9  t.color(' 色 ')
10 t.forward(100)
11 t.width(10)
12 t.color(' 色 ')
13 t.forward(100)
```

codes

t.width(数字)
　線の太さを設定する(数字の単位はピクセル)

t.color (' 色 ')
　線の色を設定する。色は英語で書き『' '』で囲む

words

width：ウィドス：幅

 「8 と 11 で線の太さを設定し、9 と 12 では線の色を設定します。「色」の部分に英語で好きな色を入れてください。そのまま漢字で「色」と打ち込むとエラーになってしまうので、気を付けてくださいね」

「青（blue：ブルー）と赤（red：レッド）がいいな」

 「OK。色の部分に blue と red を入れて、12 までのコードを実行しよう」

図形 1 .py

```python
import turtle
t = turtle.Pen()
t.shape('turtle')
t.speed(1)
s = turtle.Screen()
s.setup(800,600)
s.bgcolor('cyan')
t.width(3)
t.color('blue')
t.forward(100)
t.width(10)
t.color('red')
t.forward(100)
```

「 実行の４ステップ だね。わぁ、途中から色と太さが変わったね。おもしろいね！」

「次に『図形１』のファイルをリサイクルして、『図形２』をつくります」

「 リサイクルの10ステップ だね」

「１～６までは『図形１』と同じで、７以降を書きかえます」

```
7   s.bgcolor('lavender')
8   t.width(3)
9   t.color('blue', 'cyan')
10  t.begin_fill()
11  t.circle(100)
12  t.forward(300)
13  t.circle(50)
14  t.end_fill()
```

codes

t.color ('色1', '色2')
　線の色は『色1』で描き、線の内側は
　『色2』でぬりつぶす
t.begin_fill()
　図形内部のぬりつぶしを開始する
t.end_fill()
　描いた図形の内部をぬりつぶしを終える

words

lavender：ラベンダー：ラベンダー
begin：ビギン：始める
fill：フィル：満たす、ぬりつぶす
end：エンド：終える

「線と内部の色を別々に指定できるんだ。『(t.color('blue', 'cyan'))』と９のコードにあるから、線の色は青色で、内側の色はシアンだね」

「線の内部をぬりつぶすときは、10と14のコードではさみます」

「11 で半径 100 ピクセルの円を描いた後に 12 で 300 ピクセル進み、13 で半径 50 ピクセルの円を描くんだね」

「どんな図になるのか、楽しみだな！エディタウィンドウにコードを書き加えて、 実行の4ステップ をやります！」

図形2.py

```python
import turtle
t = turtle.Pen()
t.shape('turtle')
t.speed(1)
s = turtle.Screen()
s.setup(800,600)
s.bgcolor('lavender')
t.width(3)
t.color('blue', 'cyan')
t.begin_fill()
t.circle(100)
t.forward(300)
t.circle(50)
t.end_fill()
```

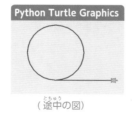

（途中の図）

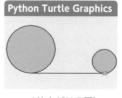

（仕上がりの図）

 「最後に中が水色（シアン）になるんだね。おもしろいよ！」

「次の図形は、はなやかですよ。『図形2』をリサイクルして『図形3』をつくり、次のコードを書きましょう」

```
1   import turtle
2   t = turtle.Pen()
3   t.shape('turtle')
4   t.speed(10)
5   s = turtle.Screen()
6   s.setup(800, 600)
7   s.bgcolor('black')
8   t.width(2)
9   t.color('red', 'gold')
10  t.backward(150)
11  t.begin_fill()
12  for x in range(72):
13      t.forward(300)
14      t.left(175)
15  t.end_fill()
```

codes

for x in range(数字):
　　図形を描くコード
　　『図形を描くコード』を『数字』の回数だけ
　　くり返す

words

black：ブラック：黒
gold：ゴールド：金色

 「4 のコードでスピードを 10 にして、7 で背景を『black』（黒）にして、8 で線の太さを 2 に変えます。また、9 で線の色は『red』（赤）にして、ぬりつぶしの色は『gold』（金色）にします」

「10 以降は新たにコードを書いていこう。10 で 150 ピクセル後ろに進み、12 ～ 14 のコードでくり返しを 72 回も行うんだ」

「くり返しでは、300 ピクセル進んで左に 175° 回転するけど、どんな感じになるんだろう？」

 「角度については次回で説明しますので、コードを書いたら実行してください」

図形 3.py

```python
import turtle
t = turtle.Pen()
t.shape('turtle')
t.speed(10)
s = turtle.Screen()
s.setup(800, 600)
s.bgcolor('black')
t.width(2)
t.color('red', 'gold')
t.backward(150)
t.begin_fill()
for x in range(72):
    t.forward(300)
    t.left(175)
t.end_fill()
```

Python Turtle Graphics

(描き始めの図)

 「すごい速さで線を描いていくね！」

（途中の図）

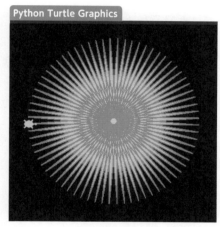

（仕上がりの図）

「わぁ、花火みたいにきれいだよ！ タートルは色彩の魔術師だね！」

CHECK ★

（1）画面設定に関するコードにおいて、『turtle』のかわりに『s』を使うときのコードは、どれでしょう？

① `s = Screen`   ② `s = turtle.Screen`

③ `s = turtle.Screen()`   ④ `s = turtle.Screen(s)`

（2）画面サイズを縦400ピクセル、横600ピクセルに設定するコードは、どれでしょう？

① `s.setup(400, 600)`   ② `setup(400, 600)`

③ `s.setup(600, 400)`   ④ `setup(600, 400)`

（3）画面の背景を赤にするコードはどれでしょう？

① `s.color(red)`   ② `s.color('red')`

③ `s.bgcolor(red)`   ④ `s.bgcolor('red')`

※以下の(4)・(5)は『t=turtle.Pen()』というコードがすでに書かれているという条件で答えてください。

（4）線の太さを5ピクセルに指定するコードはどれでしょう？

① `width = 5`   ② `t.width = 5`

③ `t.width() = 5`   ④ `t.width(5)`

（5）線の色を青、内部の色をシアンにするコードはどれでしょう？

① `t.color('blue', 'cyan')`   ② `t.color(blue, cyan)`

③ `color('blue', 'cyan')`   ④ `.color(blue, cyan)`

CHALLENGE ★★★

「『円を描く』というファイル名で、縦500ピクセル、横700ピクセル、黄色の背景の画面に円を描こう！」

「円の大きさと色は？」

「半径60ピクセル、円の線の色は赤（red）、内側の色はオレンジ（orange）にするよ」

「コードは書けた？」

「いま、がんばっているところだよ。ええと……あ〜!!! まちがってコードの一部を消しちゃったよ。どうしよう……」

「読者のみなさんに助けてもらおうよ！ みなさん、どうか、モンティのコードの消えた部分を埋めて、プログラムを完成させてください」

Q.【1】〜【9】の中に、文字や数字や記号を入れてください。

円を描く.py

```
import 【1】
t = turtle.Pen()
t.shape('turtle')
t.speed(1)
s = turtle.Screen()
s.setup(【2】,【3】)
s.【4】('yellow')
t.width(3)
t.color(【5】,【6】)
t.【7】
t.circle(【8】)
t.【9】
```

図形の角度と位置表示
― 回転の角度は外角の角度

 「これから図形の角度について勉強します。『図形2』のファイルをリサイクルして、『図形4』をつくってください。1 〜 6 を残し、後は消しましょう。その後、1辺の長さが 100 ピクセルの正三角形のコードを書きます。どんなコードを書けばいいのか、考えてください」

「正三角形の1つの角の大きさは 60°だから、100 ピクセル進んで向きを60°変える。『for』を使って、3回くり返せばいいかな？」

図形 4.py

```
import turtle
t = turtle.Pen()
t.shape('turtle')
t.speed(1)
s = turtle.Screen()
s.setup(800, 600)
for x in range(3):
    t.forward(100)
    t.left(60)
```

 「あれ、変な図形になっちゃった。なんでかな？」

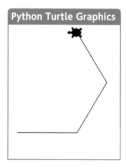

「図を描いて考えてみよう。100 ピクセル進んだとき、カメは右側を向いているから、左に 60°回転すると、①の方角に進むんだね」

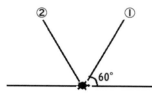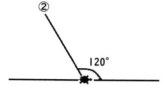

「正三角形をつくるには、②の方向に行ってほしいな」

「左に 120°回転させればいいのかな？ 最後の 1 行を書き直してみるよ」

図形 4.py

```
for x in range(3):
    t.forward(100)
    t.left(120)
```

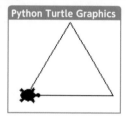

Python Turtle Graphics

「できた！ 回転させる角度は、外角の大きさになるんだね」

🔊「そのとおりです！ 正多角形の描き方は、下記のようになります」

正多角形を描くためのコード

```
for x in range(n):
    t.forward(1辺の長さ)
    t.left(外角の大きさ)
```

※注意点

① n には数字を入れる。正三角形では 3 を、正十角形では 10 を入れる。

②正 n 角形の外角の大きさは『360 ÷ n』で求まる。

　　たとえば、正三角形の外角の大きさは 360 ÷ 3 ＝ 120°

　　　　　　　正十角形の外角の大きさは 360 ÷ 10 ＝ 36°となる

「最後の行の『t.left(120)』を『t.right(120)』に変えると、図形がどう変化
するか、確認しましょう」

「カメさんが右に曲がるから、下向きの三角形になったよ。曲がる方向によって、
図形の向きが変わるんだね」

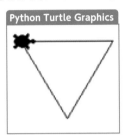

「次に、『図形3』のファイルをリサイクルして『図形5』をつくります。1〜
7 のコードはそのままで、8 は『t.width(1)』、9 は『t.color('gold')』
とし、10 は削除します」

```
1  import turtle
2  t = turtle.Pen()
3  t.shape('turtle')
4  t.speed(10)
5  s = turtle.Screen()
6  s.setup(800, 600)
7  s.bgcolor('black')
8  t.width(1)
9  t.color('gold')
```

「では、黒の背景の中に、1辺の長さ5ピクセルの星型を描き、金色にぬるコー
ドを書いてください。星型の1つの角度は 36°になります」

「星型の角度は 36°なのかぁ。外角はどうやって求めればいいの？」

「外角は『180°−内角』で求めることができるよ」

「じゃあ、カメさんが曲がる角度は、180° − 36° = 144° になるね。左右の
どちらに曲がればいいかな？」

「最初、横方向に進むから、右に 144° 回転すればいいよ。ぬりつぶしのコードを加えれば、星を描くコードの完成だ！」

「そうですね、星のコードは以下のようになります。では、1 〜 14 までのコードをエディタウィンドウに書いて実行してください」

```
10  t.begin_fill()
11  for x in range(5):
12      t.forward(5)
13      t.left(144)
14  t.end_fill()
```

★★★なお、エディタウィンドウのコード内容は、空中ディスプレイのコードとまったく同じなので、ここでは省略します。★★★

「あれ、星がカメさんの下に隠れて見えないよ。どうしよう…」

Python Turtle Graphics

「ペン先の図形、つまりカメの図を消したいので、『t.hideturtle( )』をコードの最後につけ足しましょう」

```
15  t.hideturtle()
```

codes

t.hideturtle()
　ペン（タートル）の姿を見えなくする

words

hide：ハイド：隠す

「カメさんが消えたら、小さな星が現れたよ。きれいだね♪」

🔊 「参考までに、15 の後に『t.showturtle( )』というコードを書くと、再度カメが現れます。しかし、今回はカメを消したいので、このコードは書かないでください」

t.showturtle( )

codes

t.showturtle( )
　ペン（タートル）の姿を見えるようにする

words

show：ショー：姿を現わす

🔊 「次に、画面の位置表示の説明に移ります。タートルの画面上の位置は、x 座標とy 座標で設定できます。横方向の位置がx 座標、縦方向の位置がy 座標で、これらを合わせて（x 座標の数値 , y 座標の数値）と示していきます」

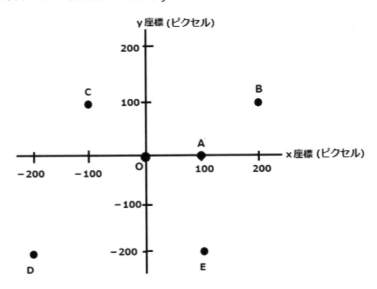

🔊 「画面中央の点Oの位置は（0, 0）とし、中央から右に 100 移動した点Aの位置は (100, 0) と示します。残りの点はどう示しますか、考えてください」

 「点Bは右に 200、上に 100 だから（200, 100）でいいのかなぁ？」

「左や下への移動は－（マイナス）になるから、点Cは（－100, 100）、点Dは（－200, －200）、点Eは（100, －200）だと思う」

 「2人の会話を正誤判別したところ、全問正解です」

 「やったぁ！ この座標を使えば、カメさんのペンを好きな位置に移動させることができるね♪ でもどうやればいいんだろう？」

 「ペンを上げて特定の座標に移動させ、ペンを下ろすことで、ペンを特定の位置に移動させることができます。たとえば、タートルを点Bに移動させるコードは、下記のようになります」

```
16  t.penup()
17  t.goto(200, 100)
18  t.pendown()
```

codes

t.penup()
　ペンを上げて、線が描けない状態にする

t.goto(x座標 , y座標)
　ペンが座標の位置に移動する

t.pendown()
　ペンを下ろして、線が描ける状態にする

words

up：アップ：上へ

go to：ゴートゥー：〜に行く

down：ダウン：下へ

 「次回、これらのコードを使って、星座盤を描きます」

 「星座盤を描く？！」

CHECK ★

　画面中央から左に 100 ピクセル、上に 150 ピクセル離れた場所からスタートして、1 辺の長さが 80 ピクセルの正八角形を描いて、最後にタートルのペン先の図を消します。

　空欄の【1】〜【5】に適当な単語・数字を入れて、コードを完成させましょう。

正八角形.py

```python
import turtle
t = turtle.Pen()
t.shape('turtle')
s = turtle.Screen()
s.setup(800, 600)
t.penup()
t.goto(-100, 【1】 )
t.【2】
for x in range( 【3】 ):
    t.forward(80)
    t.right( 【4】 )
t.【5】
```

memo

「見て見て！タートルで遊んでいたら、おもしろい模様ができたよ」

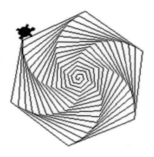

「すごいね！ どうやってつくったの？」

「たったの6行だけでできたの。最初の3行が下のコードだよ」

おもしろい模様 (最初の3行).py
```
import turtle
t = turtle.Pen()
t.shape('turtle')
```

「くり返し模様だよね」

「うん、100回くり返したよ」

「線の長さがだんだん長くなっているけど、どうやったの？」

「進む距離に、数字じゃなくてまちがえて『x』を入れちゃったの」

「六角形を描こうとしたんだよね？」

「うん。でも角度の数字を1ずれて書いちゃって。そうしたら、この模様ができて、ビックリだよ」

Q . モンティが書いた残りの3行のコードを当ててください。

Stage 12 タートルで星座盤を作成する

— 一期一会の夜空

「今回は星座盤（せいざばん）を作成します。そのために、【技1】～【技5】までを取得する必要があります。がんばって、ついてきてください」

「がんばります！」

★★★技1：同じコードを何度もくり返す★★★

「くり返しのコードとして『for x in range(数):』を使ってきましたが、『while』というコードでくり返すこともできます」

> **同じコードを何度もくり返す場合：2つの方法**
>
> ① `for x in range( 数 ):`
> 　　　コード
> 　　　 ～
> 　　　コード
> **意味**：数の回数だけ、コードをくり返す
>
> ② `while 条件 :`
> 　　　コード
> 　　　 ～
> 　　　コード
> **意味**：条件が成り立つ間は、コードをくり返す

「これだけみても全然わからないよ」

「実際にコードを書いたほうがわかりやすいので、シェルウィンドウを使って以下のコードを書いてみましょう」

```
1  a = 0
2  while a < 5:
3      print(a)
4      a = a + 1
```

words

while：ワイル：～の間

「1で a という変数に 0 を入れて、2で『a ＜ 5』を条件に設定しているね。これは、『a が 5 より小さい（5 未満）』という意味だから、5 は含まれないね」

「3で a の値を表示して、4で『a ＝ a + 1』とあるから、a の値が 0 から 1 ずつ増えていくから、0, 1, 2, 3, 4 が表示されるのかな？」

🔊「そのとおりです。くわしくまとめると、以下のようになります」

While を使ったコードの意味

```
while  a < 5:
    print(a)
    a = a + 1
```

↓

『a ＜ 5』が条件で、『print(a)　a ＝ a + 1』がくり返されるコードを意味する

↓ つまり

1 回目：**3** のコードで『0』を表示、**4** のコードで a=0+1=1 となる

2 回目：**3** のコードで『1』を表示、**4** のコードで a=1+1=2 となる

3 回目：**3** のコードで『2』を表示、**4** のコードで a=2+1=3 となる

…以下同様で、これが a ＜ 5 の範囲でくり返される

「コードを書いてエンターキーを押すと……あれ、何も出てこないよ???　あ、忘れてた。インデント（空白）がある場合は、エンターキーを 2 回押すんだ！」

Python Shell

```
>>> a = 0
>>> while a < 5:
        print(a)
        a = a + 1

0
1
2
3
4
```

★★★技2：数を規則的に増減させる式★★★

「数を規則的に増減させるときの式の書き方を学びましょう。『a ＝ a ＋ 1』
の代わりに『a ＋= 1』、『a ＝ a ＋ 2』の代わりに『a ＋= 2』という式を
使うことができます。減らすときは『＋=』の代わりに『−=』を使います」

数を規則的に増減させる式

① a ＋= n

　　aの数をnずつ増やす。a ＝ a ＋ nと同じ意味。

② a −= n

　　aの数をnずつ減らす。a ＝ a − nと同じ意味。

「では while を用いて、1以上30以下の5の倍数を大きい順に表示するコー
ドを書いてください。なお、『以上』『以下』を示すコードは下記となります」

以上・以下を示す不等号の書き方

a ＞= n　　　aはn以上

a ＜= n　　　aはn以下

「大きい順だから、最初は『a ＝ 30』だね。また、1以上だから、while の
後の条件式は『a ＞=1』だね」

「5ずつ減らすから『a −= 5』という式を使って、このコードで、エンターキー
を2回押せばいいよね♪」

Python Shell

```
>>> a = 30
>>> while a >= 1:
        print(a)
        a -= 5
30
25
20
15
10
5
```

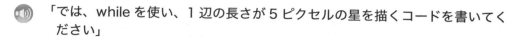「では、while を使い、1 辺の長さが 5 ピクセルの星を描くコードを書いてください」

「線 5 本で星が描けるから、5 回くり返しをすればいいよね。だから、最初に『a = 1』と設定して、次に『while 条件式』を書けばいいのかな？」

「そうだね。5 回くり返しだから、条件式は『a <= 5』になるね。その後、星を描くコードとしてと『t.forward(5)』と『t.right(144)』を書いて、その下に『a += 1』を書けばいいと思う」

「『t.begin_fill()』と『t.end_fill()』も忘れちゃいけないよ！じゃあ、ここまでのコードを、空中ディスプレイに表示してみる」

```
11  t.begin_fill()
12  a = 1
13  while a <= 5
14      t.forward(5)
15      t.right(144)
16      a += 1
17  t.end_fill()
```

★★★技 3：作図についての関数の設定・実行★★★

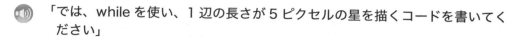「計算についての関数はすでに学習しましたが、作図についての関数をつくることもできます。そこで、下記を参考に、星を描く関数をつくりましょう。関数名は『star』としてください」

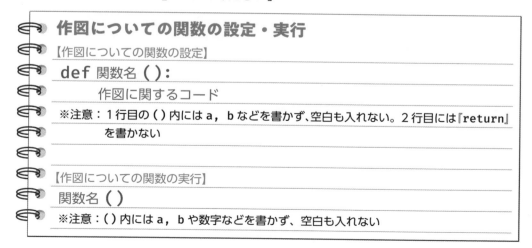

作図についての関数の設定・実行

【作図についての関数の設定】

def 関数名 ( ):
　　　作図に関するコード

※注意：1 行目の ( ) 内には a, b などを書かず、空白も入れない。2 行目には『return』を書かない

【作図についての関数の実行】

関数名 ( )

※注意：( ) 内には a, b や数字などを書かず、空白も入れない

「『def star ():』を書いて、その下には、星を作成するコードを書けばいいから、関数『star』のコードはこうなるね」（※ここでもまだコードは実行しません）

```python
def star():
    t.begin_fill()
    a = 1
    while a <= 5:
        t.forward(5)
        t.right(144)
        a += 1
    t.end_fill()
```

★★★技4：ランダムに数値を取り出す方法★★★

「次に、『random（ランダム）』という機能を使って、数値を取り出します。ランダムとは、宝くじのように次に何が出るか予測がつかないことで、Pythonが規則性なしに適当に数字を選びます。下記のコードを使います」

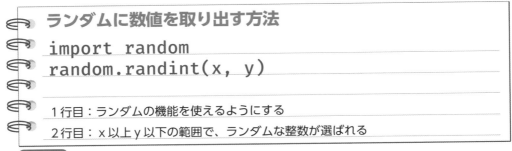

ランダムに数値を取り出す方法

```python
import random
random.randint(x, y)
```

1行目：ランダムの機能を使えるようにする
2行目：x以上y以下の範囲で、ランダムな整数が選ばれる

words

random：ランダム：ランダムの機能

randint：ランディント：random integers(ランダムな整数) の短縮形

「シェルウィンドウに次のコードを書き、モンティ、飛翔君、2人別々に実行してください」

```python
import random
a = random.randint(1, 20)
a
```

 「ボクは7になったよ」

「ぼくは 15 だ。本当にランダムに出てくるんだね」

★★★技 5：エディタウィンドウのコードに通し番号を付ける方法★★★

「最後に、エディタウィンドウのコードに、自動的に通し番号を付ける方法を説明します。通し番号を付けると読みやすくなるので、コードが長くなる場合には利用すると便利です。次の【1】～【4】の手順でできます」

【1】エディタウィンドウを開きます。ここでは、これからコードを書くので、 新規の 8 ステップ の 1 から 6 まで進めます。

【2】上部の右から 3 番目にある『**Options**』をクリックします。

words

option：オプション：選択肢（せんたくし）

【3】サブメニューの上から 3 番目にある『**Show Line Numbers**』をクリックします。

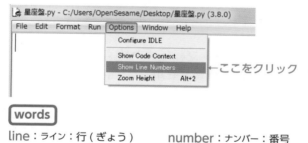

← ここをクリック

words

line：ライン：行（ぎょう）　　　　number：ナンバー：番号

【4】エディタウィンドウに通し番号が表示されます。あとは通常通りにコードを書いていくと、通し番号が自動的に付きます。

「参考までに知りたいのだけど、通し番号を消すことはできるの？」

「はい、できます。もう一度『**Options**』をクリックすると、今度はサブメニューの上から3番目に『**Hide Line Numbers**』が現れます。これをクリックすると通し番号は消えます」

←ここをクリック

> ### エディタウィンドウのコードに通し番号を付ける方法
> 【1】エディタウィンドウを開く
> 【2】上部の右から3番目にある『**Options**』をクリック
> 【3】サブメニュー上から3番目の『**Show Line Numbers**』をクリック
> 【4】通常通りコードを書く

「必要な技を習得できたので、星座盤の作成に取りかかりましょう。エディタウィンドウを開き、 新規の8ステップ で『星座盤』というファイル名を付けて、 **1** から **6** まで進めます。その後通し番号を付けてください」

「付けました！」

「ではコードを書きましょう。タートルとランダムの機能を取り込み、横1200ピクセル、縦800ピクセルで、背景が黒の画面をつくります。スピードは0、線の太さは1とし、ペン先は消去します」

星座盤 (1 〜 9).py

```python
1  import turtle
2  import random
3  t = turtle.Pen()
4  s = turtle.Screen()
5  s.setup(1200,800)
6  s.bgcolor('black')
7  t.width(1)
8  t.speed(0)
9  t.hideturtle()
```

「次に、星を作成する関数の設定をします。さきほど、モンティがつくったコードを書いてください」

星座盤 (10〜17).py

```
10  def star():
11      t.begin_fill()
12      a = 1
13      while a <= 5:
14          t.forward(5)
15          t.right(144)
16          a += 1
17      t.end_fill()
```

「では、金色の星をランダムに 30 個書きます。最初に色を設定しましょう」

「『t.color('gold')』でいいよね」

「星を 30 個つくるので、『for z in range(30):』というコードを使いましょう。後の座標設定で x を用いているので、『for x in 〜』ではなくて、『for z in 〜』としてください。
では、x 座標と y 座標をランダムに設定する方法を考えましょう。画面中央の座標が (0, 0) であることに注意してくださいね」

「横幅は 1200 ピクセルだから、範囲は− 600 から 600 になると思う。だから、『x = random.randint(-600, 600)』とすればいいと思う」

「縦は 800 ピクセルだから『y = random.randint(-400, 400)』だね」

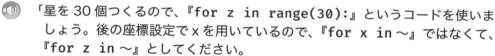「次に、ペン先を座標 (x, y) に移動させて、『star』関数を実行します」

「『t.penup()』でペンを上げて、『t.goto(x, y)』でペンを移動させて、『t.pendown()』でペンを下ろすんだよね！」

「関数を実行するコードは『関数名()』なので、『star()』でいいね。金色の星を 30 個描くコードをまとめて、実行してみよう！」

```
18  t.color('gold')
19  for z in range(30):
20      x = random.randint(-600, 600)
21      y = random.randint(-400, 400)
22      t.penup()
23      t.goto(x, y)
24      t.pendown()
25      star()
```

 「さらに、銀 (silver) の星を 20 個、青 (blue) の星を 10 個追加してください」

「色と数だけ変えればいいから、楽勝だね！」

```
26  t.color('silver')
27  for z in range(20):
28      x = random.randint(-600, 600)
29      y = random.randint(-400,400)
30      t.penup()
31      t.goto(x, y)
32      t.pendown()
33      star()
34  t.color('blue')
35  for z in range(10):
36      x = random.randint(-600, 600)
37      y = random.randint(-400,400)
38      t.penup()
39      t.goto(x, y)
40      t.pendown()
41      star()
```

「全部で 41 行の大作だね。実行してみよう」

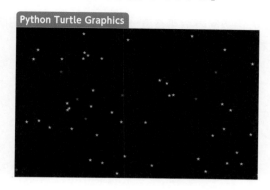

「星はランダムに現れるから、毎回異なる星空が現れるんだよね。ということ
　　は、この星空はもう二度と見られないんだね」

飛翔とモンティは、無言で画面を見続けました。

CHECK ★

2けたの11の倍数と13の倍数を表示するコードをつくります。空欄の【1】〜【5】に適当な単語・数字を入れて、コードを完成させましょう。

```
11と13の倍数.py
a = 11
while a < 【1】:
    print(a)
    a = a + 【2】
b = 13
while b < 【3】:
    print(b)
    b 【4】 = 【5】
```

CHALLENGE ★★★

翌日、学校で蒼空が飛翔の教室を訪ねてきました。

「星座盤、つくれた？」

「蒼空せんぱい！ はい、つくりました。すごくきれいです」

「実はあれはまだ未完成なの。星座が描かれていないでしょ」

「確かに、そういわれればそうですね」

「それで、さらにコードを書き足して、好きな星座を描いてみない？」

「え、どうすればいいんですか？」

「まず、方眼紙を用意して、そこに好きな星座を描いて、目盛を書き込んでいくの。たとえば、はくちょう座の場合、図のようになるよ」

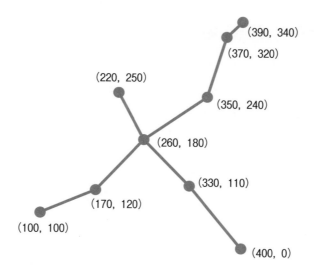

 「これをコードで書くには、どうすればいいのかなぁ？」

 「ペンの色を赤にして、(220, 250) の座標にペンを移動させて星を1つ描く」

星座盤 (42〜46).py

```
42  t.color('red')
43  t.penup()
44  t.goto(220, 250)
45  t.pendown()
46  star()
```

 「その後、(260, 180) の座標にペンを移動させて星を1つ描き、また移動させて星を描き、これをくり返すの」

星座盤 (47〜50).py

```
47  t.goto(260, 180)
48  star()
49  t.goto(330, 110)
50  star()
```

Q. 残りのコードを書き加えて、はくちょう座の星座盤をつくってください。
また、あなたの好きな星座を描いた星座盤も作成してみましょう。

コラム 6

統合開発環境について

　この本では、IDLE という Python にはじめから付いている統合開発環境を使ってプログラムを書いたり実行したりしています。しかし、実は IDLE 以外にもさまざまな統合開発環境があり、これらをウェブサイトからダウンロード・インストールして使うことで、より快適にプログラミングできるようになります。

　Python のプログラミングに使えるもので有名な統合開発環境としては、PyCharm（パイチャーム）や Visual Studio（ヴィジュアルスタジオ）、Eclipse（エクリプス）などをあげることができます。

　これらの統合開発環境は正しく、わかりやすいコードを楽に書けるようにするための機能を数多く備えていて、たとえばコードのまちがっているところを下線で示したり、コードを自動で見やすく整形してくれたりします。また、かっこの左側を入力すると自動で右側を補ったり、コードの最初の 1 文字を打ったときに後のコードを予測表示したりもしてくれます。さらに、プログラムで画像や文書ファイルなどを使うときに、これらのファイルを簡単に管理することもできます。

　こうした統合開発環境のうち、Python ユーザーの中でとくに人気が高いのが PyCharm です。PyCharm は Python に特化した統合開発環境なので、前述したようなコードの補完機能が他よりもすぐれているといわれています。メニューは基本的に英語ですが、非公式の追加機能を導入することで日本語化することもできます。

　一方、Visual Studio や Eclipse はいくつかの設定をすることで、Python 以外のさまざまなプログラミング言語も扱えるようにできるので、複数のプログラミング言語を学びたい人にとってはおすすめです。

　ただし、これらの高機能な統合開発環境は、慣れれば強力なツールになりますが、はじめのうちは使いづらく感じるかもしれません。また、統合開発環境を PC で使えるようにするための設定が難しく、注意深くやらなければうまくいかないこともあります。

　そのため、初心者のうちはこれまでどおり IDLE のシェルウィンドウやエディタウィンドウでプログラミングをし、Python や PC 自体に慣れてきたところでほかの統合開発環境の導入を考えてみるとよいでしょう。　　　　　　　　　　　　　　　　　　　　　（Y.H.）

Day **4**

分類する

Stage

13 データのタイプと文字列
― 防虫剤から宇宙 ???

 「これまで 'Hello' などの文字を表記するときには『' '』で囲んできました。こうすることで、パイソンは 'Hello' を文字として認識するのです」

「ということは、パイソンは文字と数字を区別して認識しているの？」

「そのとおりです。パイソンはデータをタイプ別に認識しています。タイプには複数の種類がありますが、まずは以下の 3 つのタイプについて説明します」

データのタイプ（1）

【データのタイプ】	【表示】	【例】
整数 (integer)	`int`	3, 100, −5 など
小数点 (floating point)	`float`	0.1, 12.5, 6.00 など
文字列 (string)	`str`	'Hello'、' こんにちは ' など

words

integer：インテジャー：整数
floating point：フローティング・ポイント：浮動小数点、小数点のある数
string：ストリング：文字列

「『type(データ)』というコードを書くと、データのタイプを識別できます」

データのタイプの識別方法

`type( データ )` 　　（ ）内にデータを書いて、エンターキーを押すと

`<class ' ～ '>` 　　～の部分にデータのタイプが表示される

words

type：タイプ：タイプ　　　　　　class：クラス：種類

「シェルウィンドウを使って、①『100』、②『12.345』、③『1+2』、④『1/3』のデータのタイプを調べてみましょう」

 「は～い、おもしろそう♪」

```
>>> type(100)
<class 'int'>
>>> type(12.345)
<class 'float'>
>>> type(1 + 2)
<class 'int'>
>>> type(1/3)
<class 'float'>
```

「①の『100』は『'int'（整数）』に分類されて、②の『12.345』は『'float'（小数)』に分類されてるね。これは簡単だよ！」

「③は『1 + 2』という計算式だけど、計算結果は『3』の整数だから、『'int'（整数)』に分類されるんだ。つまり、計算式を入れると、答えを分類するんだね」

「④の『1/3』は計算すると 1 ÷ 3＝0.33333…だから『'float'（小数)』に分類されるのかな？」

「そうです。同様にして、⑤『'Hello'』、⑥『'こんにちは'』、⑦『'123'』のデータのタイプを調べましょう。今度はどれにも『' '』を付けてください」

Python Shell

```
>>> type('Hello')
<class 'str'>
>>> type('こんにちは')
<class 'str'>
>>> type('123')
<class 'str'>
```

「ひらがなや数字も『' '』で囲むと『'str'（文字列)』に識別されるんだね」

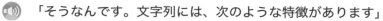「そうなんです。文字列には、次のような特徴があります」

文字列の特徴

① 『' '』または『" "』で囲めば、アルファベット・ひらがな・カタカナ・漢字・数字などのどれもが文字列として認識される

※本書では『' '』を用いています

② 基本的にプログラミングはすべて半角のアルファベットと数字で書くが、文字列には日本語（※ひらがな・カタカナ・漢字）やアルファベットや数字を全角で書いたものも使える

③ 文字列は0番目から数え始める

　　'abc'の場合、aは0番目、bは1番目、cは2番目となる

「では、シェルウィンドウに次のコードを書いてください」

```
1  moji = 'abcdefghijklmn'
```

「1のコードで、『moji』という変数に'abcdefghijklmn'という文字列を代入しています。各アルファベットが何番目なのか、考えてください」

「文字は0番目から数えるから
a	b	c	d	e	f	g	h	i	j	k	l	m	n
0	1	2	3	4	5	6	7	8	9	10	11	12	13

でいいと思う」

「そうですね。この数え方と、変数名 [ ] を使うと、文字列をアレンジして、その一部のみを表記することができます」

文字列のアレンジ

☆ a, b は数字を表しています☆

変数名 [a]	a番目の文字を表示する（0番目から数える）
変数名 [-1]	いちばん最後の文字を表示する
変数名 [a, b]	a番目から（b − 1）番目までの文字を表示する
変数名 [a:]	a番目から最後までの文字を表示する
変数名 [:b]	最初から（b − 1）番目までの文字を表示する
len(～)	( ) 内の文字の数を表示する
	～の部分には変数または文字列を入れる

「では、次の2～7で、どのような文字が表示されるか予測してください。その後、シェルウィンドウに実際に書いて実行してみましょう」

```
2  moji[1]
3  moji[-1]
4  moji[2:6]
5  moji[3:]
6  moji[:5]
7  len(moji)
```

 「2 は 1 番目の文字だから b で、3 は最後の文字だから n が表示されるのか なぁ？ コードを書いて実行してみます」

Python Shell
```
>>> moji='abcdefghijklmn'
>>> moji[1]
'b'
>>> moji[-1]
'n'
```

 「4 は 2 番目以上 6 番目未満だから、2 番目〜 5 番目の文字、つまり cdef が 表示されると思う。5 は 3 番目以上だから、d から後ろの文字すべてが出て きて、6 は 5 番目未満だから、e までの文字が出てくると思うよ」

Python Shell
```
>>> moji[2:6]
'cdef'
>>> moji[3:]
'defghijklmn'
>>> moji[:5]
'abcde'
```

 「7 は文字数だね。最後が 13 番目だから、文字数は 13 かな？……あ、ちがう、 数え始めが 0 番目になっているから、0 〜 13 は 14 個だね！」

Python Shell
```
>>> len(moji)
14
```

「最後に、次の2式の結果を予測してみましょう」

```
9  '12' + '34'
10 'やぁ' * 3
```

「9では12という文字と34という文字が結合して1234になって、10では『やぁ』が3つで『やぁやぁやぁ』になるのかな？」

Python Shell
```
>>> '12' + '34'
'1234'
>>> 'やぁ' * 3
'やぁやぁやぁ'
```

CHECK ★

以下は文字列のアレンジに関するコードです。空欄の【1】～【5】に適当な単語・数字を入れて、コードを完成させましょう。

Python Shell
```
>>> 77 + 777
【1】
>>> '77' + '777'
【2】
>>> 'もし' * 2
【3】
>>> a = 'やかん'
>>> a[1:]
【4】
>>> 'み' + a[1:]
【5】
```

CHALLENGE

 「Supercalifragilisticexpialidocious ♪～♬
（スーパーカーリー　フラジリスティック　エクスピアリデューシャス）」

 「モンティ、何を歌っているの？」

 「『メリー・ポピンズ』という古い映画に出てくる歌だよ」

 「いま歌っていたのは、どういう意味？」

 「困難な状況になっても、この言葉を唱えると解決していくんだって！　ボク
の好きな言葉だよ。長いけれど、これで1つの単語なんだよ」

 「すごく長いね。何文字でできているか、パイソンで確かめてみようよ」

Q. モンティが歌っていた単語が何文字か、Python を使って数えてください。

 「防虫剤から宇宙♪～♬」

 「モンティ、何を歌っているの？」

 「『防虫剤（ぼうちゅうざい）』から『ぼ』と『ざい』を引くと、『宇宙（うちゅ
う）』ができるんだよ！」

 「ほんとだ、シュールでおもしろいね！　そうだ、Python を使って、『ぼうちゅ
うざい』から『うちゅう』をつくってみようよ」

 「うん！『a ='ぼうちゅうざい'』とするね」

 「『a[　]』を使えば、'うちゅう'がつくれそうだよ」

Q. 2人の会話を参考に、「ぼうちゅうざい」から「うちゅう」をつくってください。

リストと辞書の使い方
― ドリンクメニューをつくろう

 「今回はパイソンで、リストを作成します。また、リストの中に入れた文字などのことを『要素』といいます」

リストの形式

リスト名 ＝ [1, 2, …]

 「最初に練習として、リスト名が『number』で、1～5までの数字名を英語で入れたリストをシェルウィンドウでつくりましょう」

words

number：ナンバー：数字

 「one, two, three, four, five でいいよね。あ、英単語は文字だから、『' '』を付けないとね」

Python Shell

```
>>> number=['one', 'two', 'three', 'four', 'five']
```

 「文字列と同様に、リスト内の要素は 0 番目から数えます。要素の表示方法や、要素数の数え方も、文字列のときと同様です。では、『'five'』を表示し、その後で今回のリストの要素数を表示してください」

 「'five' は 5 だから、『number[5]』でいいよね」

 「う～ん、0 番目から数え始めるからそうじゃないと思うよ。one(1) が 0 番目、two(2) が 1 番目、three(3) が 2 番目、four(4) が 3 番目だから、five(5) は 4 番目になると思うよ」

 「そうか！じゃあ、5 は『number[4]』でいいね」

Python Shell

```
>>> number[4]
'five'
>>> len(number)
5
```

「リストを一定の規則にしたがって並べかえることもできます」

リストのアレンジ（1）

リスト名 **.sort( )**

要素が数字の場合は小さい順に、文字の場合はアルファベット順に並べかえる

リスト名 **.reverse( )**

要素の順番を、sort() の逆に並べかえる

words

sort：ソート：分類する　　　　reverse：リバース：逆にする

「num = [3, 4, 5, 1, 2] というリストをつくり、小さい順と大きい順に並べかえてください」

「数字は、『sort( )』を使えば小さい順になって、その後『reverse( )』を使えば大きい順になるよね。試してみるよ」

Python Shell

```
>>> num = [3, 4, 5, 1, 2]
>>> num.sort()
>>> num
[1, 2, 3, 4, 5]
>>> num.reverse()
>>> num
[5, 4, 3, 2, 1]
```

「では、英単語を入れた number のリストに、sort( ) を使ってください」

「英単語は文字だから、アルファベット順に並びかわるんじゃないかな？試してみよう」

Python Shell

```
>>> number.sort()
>>> number
['five', 'four', 'one', 'three', 'two']
```

「リストを実用的なことに使えないかな？」

「学校の学園祭でカフェをやることになって、ぼくはドリンク担当になったから、飲み物のリストをつくりたいな。リスト名は『drink』にしよう」

Python Shell

```
>>> drink = ['ミルクティー', 'カフェラテ', 'レモネード']
```

「あ、これは古い案だったよ。紅茶とマンゴーラッシーを追加して、レモネードはやめて、ミルクティーはタピオカミルクティーに変えるんだった」

🔊「リストは、要素の追加、除去などのアレンジをすることができます」

リストのアレンジ（2）

①追加

リスト名 `.append('`要素名`')`
かっこ内の要素を最後に付け加える

リスト名 `.insert(`数字`, '`要素名`')`
かっこ内の要素を（数字）番目に付け加える
※ 要素の順番は0番目、1番目、2番目……と数える。

②除去

リスト名 `.pop(`数字`)`
（数字）番目の要素が取りのぞかれる

リスト名 `.pop`
いちばん最後の要素が取りのぞかれる

---

words

append：アペンド：追加する　　insert：インサート：差し込む　　pop：ポップ：飛び出る

「まずはレモネードを取りのぞいてみるね」

Python Shell

```
>>> drink.pop()
'レモネード'
```

「あれ、レモネードが表示されたよ？」

「『drink.pop()』を書いてエンターキーを押すと、取りのぞかれる要素名が示されます。その後、リスト名を書き、エンターキーを押すと、アレンジ後のリストが示されます」

Python Shell

```
>>> drink
['ミルクティー', 'カフェラテ']
```

「次にミルクティーを取りのぞこう。0番目だから『drink.pop(0)』でいいね」

「その後にもう一度『drink』と書いてエンターキーを押すと、カフェラテだけになってるはずだよ」

Python Shell

```
>>> drink.pop(0)
'ミルクティー'
>>> drink
['カフェラテ']
```

「次に、カフェラテの前に紅茶とタピオカミルクティーを追加しよう」

「紅茶は0番目、タピオカミルクティーは1番目でいいね」

Python Shell

```
>>> drink.insert(0,'紅茶')
>>> drink.insert(1,'タピオカミルクティー')
>>> drink
['紅茶', 'タピオカミルクティー', 'カフェラテ']
```

「最後に append を使って、マンゴーラッシーを追加しよう」

Python Shell

```
>>> drink.append('マンゴーラッシー')
>>> drink
['紅茶', 'タピオカミルクティー', 'カフェラテ', 'マンゴーラッシー']
```

「完成したね。これで、飲み物は全部で4種類だね。確認してみるよ」

Python Shell

```
>>> len(drink)
4
```

 「飲み物の値段もいっしょに表示できたらいいのにね」

 「うん……そうだ！ 以前に学習した『辞書』の機能を使えば、値段を表示することができるよ。前に学習した内容は、こうだったよね」

辞書のつくり方

辞書名 ＝ { ○○ : □□ , ○○ : □□ , ○○ : □□ … }

　○○の部分を key(キー)、□□の部分を value(ヴァリュー) という

辞書の使い方

辞書名 [○○]

　上のコードを書いてエンターキーを1回押すと、

　○○に対応する□□が表示される

 「辞書名を『price』にして、価格対応表をつくってみようよ」

 「要素が多くなる場合は、『,』を書いた後にエンターキーを押すと改行できるので、1行ごとに1つの要素を記入できます」

 「そのほうが見やすいかも。試してみるよ」

Python Shell

```
>>> price = {'紅茶': 200,
             'タピオカミルクティー': 400,
             'カフェラテ': 300,
             'マンゴーラッシー': 450}
```

words

price：プライス：値段

「タピオカミルクティーの値段を確認してみるね」

```
>>> price['タピオカミルクティー']
400
```

「忘れてた！　ストロベリーフラペチーノも 500 円で売るんだった！」

「辞書に要素を追加したい場合は、『辞書名［〇〇］= □□』というコードを書くと、辞書の最後に追加されます」

辞書の追加

辞書名［ 〇〇 ］ = □□

「ボク、追加してみるよ」

```
>>> price['ストロベリーフラペチーノ'] = 500
>>> price
{'紅茶': 200, 'タピオカミルクティー': 400, 'カフェラテ': 300,
 'マンゴーラッシー': 450, 'ストロベリーフラペチーノ': 500}
```

「やったね！」

memo

CHECK ★

以下は文字列のアレンジに関するコードです。空欄の【1】～【5】に適当な単語・数字を入れて、コードを完成させましょう。

Python Shell

```
>>> fruits = ['strawberry', 'banana', 'orange', 'melon', 'apple']
>>> fruits.【1】
>>> fruits
['apple', 'banana', 'melon', 'orange', 'strawberry']
>>> fruits[0]='blueberry'
>>> fruits
[ 【2】 ]
>>> len(fruits)
【3】
>>> test = {'数学': 95, '英語': 90, '理科': 82}
>>> test[ 【4】 ]
95
>>> test[ 【5】 ]
82
```

words

fruit：フルートゥ：果物

banana：バナナ：バナナ

melon：メラン：メロン

blueberry：ブルーベリ：ブルーベリー

strawberry：ストローベリ：いちご

orange：オレンジ：オレンジ

apple：アプル：りんご

CHALLENGE ★★★

 「マツタケ、ヒラタケ、マッシュルーム♪♬」

 「それ、何の歌？」

 「キノコの歌だよ。そうだ、キノコのリストをつくってみるよ！」

 「おもしろそうだね」

 「シイタケとナマコも加えて、リストをつくるね。リスト名はkinokoにするよ」

Python Shell
```
>>> kinoko = ['マツタケ', 'ヒラタケ', 'マッシュルーム', 'シイタケ', 'ナマコ']
```

 「モンティ、『ナマコ』じゃなくて『ナメコ』だよ」

 「そうなの？　知らなかったよ」

 「ぼく、ナメコがあまり好きじゃないから、リストから取りのぞいていい？　そのかわりに、最後に『エノキダケ』を加えてほしいな」

 「OK！　リストの最後の要素を取りのぞくには、あのコードを使えばいいよね」

 「そうだね。そして、リストの最後に要素を加えるには、あのコードを使おう」

Q.　2人の会話をもとに、リストを書きかえてください。

データのタイプ、ブーリアンと論理演算子

― ロンリ的・キャッカン的にシンギをシキベツ ???

🔊 「今回は学習する内容は地味（じみ）で単調ですが、必要なので、がんばってください」

😊 🤖 「は〜い！」

🔊 「Stage13 で、データのタイプとして、整数 (int)、小数点 (float)、文字列 (str) を学習しましたが、それ以外のタイプについても学習しましょう」

データのタイプ（2）

【データのタイプ】	【表示】	【例】
リスト (list)	list	a = [1, 2, 3] など
辞書 (dictionary)	dict	b = {1:'one', 2: 'one'} など
ブーリアン (boolean)	bool	正しいかまちがいか識別できるもの

words

list：リスト：リスト　　　　　　　　　　　　　dictionary：ディクシャナリ：辞書

boolean：ブリアン：正誤判別できるもの、ブーリアン

🔊 「1 と 2 の 2 種のデータのタイプを確認しましょう」

```
1 abc = ['a', 'b', 'c']
2 num = {1: 'one', 2: 'two', 3: 'three'}
```

 「1 はリストだから <class 'list'>, 2 は辞書だから <class 'dict'> と表示されるよね。試してみるよ！」

Python Shell

```
>>> abc = ['a', 'b', 'c']
>>> type(abc)
<class 'list'>
>>> num = {1:'one', 2:'two', 3:'three'}
>>> type(num)
<class 'dict'>
```

「次に『ブーリアン』について説明しましょう。ブーリアンとは論理的・客観的に真偽(しんぎ)を識別できるものをいいます」

「ロンリ的・キャッカン的にシンギをシキベツ？？？」

「すじ道を立てて考えれば、正しいかまちがっているかを区別できるということです。具体的な例で考えてみましょう。次の 3 〜 5 のうち、『ブーリアン』はどれでしょう？」

```
3  100 > 1
4  100 < 1
5  ' この花はきれいだ '
```

「3 は『100 は 1 より大きい』という意味だから正しいけど、4 は『100 は 1 よりも小さい』という意味だから、まちがってるよ！」

「だれが考えても 3 は正しいし、4 はまちがってるよね。あ、そうか、これがブーリアンなんだ！」

「5 は、もしもお花がきれいだったら、正しいってことになるの？」

「『きれい』と思うかどうかは、人によって異なるから、『ブーリアン』ではないと思うよ。試しに、3 〜 5 のタイプを確認してみよう」

Python Shell
```
>>> type(100 > 1)
<class 'bool'>
>>> type(100 < 1)
<class 'bool'>
>>> type(' この花はきれいだ ')
<class 'str'>
```

「ほんとだ！ 3 と 4 は『'bool'（ブーリアン）』で、5 は『'str'（文字列）』だね」

「ブーリアンでは、正しいことは『True』、まちがっていることは『False』と表示されます。それでは、3 と 4 の式のみを書いて、エンターキーを押してください」

words

true：トゥルー：正しい、本当の　　　false：フォース：まちがっている

111

Python Shell

```
>>> 100 > 1
True
>>> 100 < 1
False
```

「次に、等号などの記号について説明します」

等号などの記号

【パイソンの記号】	【例】	【意味】
==	a == 1	a は 1 と等しい
		算数や数学の『＝（イコール）』と同じ意味
!=	a != 1	a は 1 と等しくない
		算数や数学の『≠（ノットイコール）』と同じ意味

「『イコール』を表すのにどうして『＝』を 2 つも書くの？」

「Stage6 で変数を勉強した際に、『a ＝ ○○』は『a は○○と等しい』という
意味ではなくて、『a に○○の値を入れる』いう意味であると説明しましたね」

「『＝』が 1 つのときは、『イコール』ではなくて『入れる』という意味なのか！」

「そこで、算数や数学の『イコール』を表すときには、『＝＝』を用いるのです。
では、7 と 8 は、True, False のどちらか考えてください」

```
6  a = 10
7  a == 5
8  a != 5
```

「6 は『a という変数に 10 という値を入れる』という意味だよね」

「じゃあ、7 では、a という変数に 5 という値を入れているの？」

「モンティ、よく見てごらん。『＝＝』となっているよ」

「そっか。じゃあ『a は 5 と等しい』っていう意味だから、まちがってるね。7 のコードを書いて、エンターキーを押すと、『False』が表示されるね！」

「8 は『a は 5 と等しくない』という意味だから、正しいよ。だから『True』が表示されるよ。シェルウィンドウで試してみるよ」

Python Shell

```
>>> a = 10
>>> a == 5
False
>>> a != 5
True
```

「最後に、論理演算子とかブール演算子とよばれるものを説明します」

「ロンリエンザンシ？？？ ブールエンザンシ？？？」

「『and』と『or』と『not』のことを、そのようによびます。
英語では、『A and B』は『A と B』、『A or B』は『A または B』という意味で、『not A』は『A じゃない』という意味ですが、パイソンでは、次のような意味で用います」

論理演算子

【論理演算子】	【例】	【意味】
and	A and B	A と B と両方の条件が満たされる場合
or	A or B	A または B の少なくともどちらか一方の条件が満たされる場合
not	not A	A の条件が満たされない場合

「とっても難しそう、ボクにできるかなぁ……」

「具体的な例で考えるとわかりやすいですよ。9 ～ 12 が True、False のどちらになるか、考えてみましょう」

9　`1 < 10 and 10 < 100`
10　`1 < 10 and 10 > 100`
11　`1 < 10 or 10 > 100`
12　`not 10 > 100`

「『1 < 10』と『10 < 100』は正しいけれど、『10 > 100』はまちがっている」

「9 は『正しい and 正しい』で両方とも正しいから、『True』だよね」

「10 は『正しい and まちがい』で、両方とも正しいわけではないから、『False』だよね」

「11 は『正しい or まちがい』で、両方とも正しいわけではないけれど……」

「『or』の場合は、少なくとも、どちらか一方が条件を満たせばいいから……」

「じゃあ、11 は 1 つが正しいから、『True』になるのかな？」

「12 は、『10 > 100』はまちがっているけれど、『not』が付いているからまちがいの逆で、正しい。つまり『True』だね。確認してみよう！」

Python Shell

```
>>> 1 < 10 and 10 < 100
True
>>> 1 < 10 and 10 > 100
False
>>> 1 < 10 or 10 > 100
True
>>> not 10 > 100
True
```

「合ってたね。やったぁ！」

以下は文字列のアレンジに関するコードです。空欄の【1】～【5】に適当な単語・数字を入れて、コードを完成させましょう。

```
Python Shell
>>> tako = 8
>>> ika = 10
>>> tako > ika
【1】
>>> kumo = 8
>>> kumo <= tako
【2】
>>> type(1 / 3)
【3】
>>> type([1 / 3])
【4】
>>> type(1 > 3)
【5】
```

```
age = 【?】
not((age >= 6 and age <= 12) or age >= 60)
```

words

age：エイジ：年齢

Q. 【?】の中には0以上の整数を入れることにします。『True』を表示
させるためには、【?】の中にどんな数字を入れればよいでしょうか？

条件分岐：if と elif と else の使い方
— ラッキーナンバーが出るか?!

「12 は偶数で、27 は奇数で、ええと……」

「モンティ、何しているの？」

「ボク、算数の問題集をやってるの。いま、偶数と奇数を勉強しているんだ。あっ！ パイソンで偶数と奇数が区別できれば、便利だよ！」

🔊「今回は条件分岐を勉強します。Pという条件ならばAを実行し、Qという条件ならばBを実行する、というように、条件によって実行するコードを変えることを、条件分岐といいます」

条件分岐の形式

```
if 条件P :
      コードA
elif 条件Q :
      コードB
else:
      コードC
```

意味：条件Pの場合はコードAを、それ以外で条件Qの場合はコードBを
　　　そのほかの場合はコードCを実行する

words

if：イフ：もし〜ならば　　　　else：エルス：そのほかの場合

※ elif は、else と if をくっつけた言葉で、プログラミング特有の言葉です

「2で割ると1あまる数が奇数で、2で割り切れる数が偶数だから、ええと、…… この条件分岐を使えば、偶数と奇数の区別ができるんじゃない?!」

「でも、上の形式だと3通りになってるよ。いま区別したいのは、偶数と奇数だと2通りだから、どうすればいいのかなぁ？」

「条件分岐には、次のような特徴があります」

条件分岐の特徴

・条件が2つの場合は、**if** と **else** のみを使う

・条件が3つ以上の場合は、**elif** を増やす

（最初が **if**，最後が **else** で、その他はすべて **elif** を使う）

・実行するコードの前には空白（インデント）ができる

・実行するコードは複数行に書くことも可能

「2通りの場合は、if と else のみを使えばいいんだね！」

「そうですね。まずは練習として、次のコードの意味を考えてください」

```
1  import random
2  number = random.randint(1, 10)
3  if number % 7 == 0:
4      print('ラッキー7だよ')
5  else:
6      print(number)
```

「『import random』は、ランダムな数を取り出すんだよね」

「『random.randint(1, 10)』で、1以上10以下のランダムな整数が選ばれる。よって2では、number という変数に、選ばれた数が入るんだね」

「3は、『ランダムに選ばれた数を7で割ったあまりが0とイコールならば』、つまり、『7で割り切れる数ならば』っていう意味かな？」

「そうだね、1〜10の中で7の倍数は7しかないから、7が選ばれたときには、『ラッキー7だよ』という言葉が表示されるみたい」

「7以外の数の場合には？」

「6のコードに『print(number)』とあるから、その数字が表示されるんじゃないかな」

「エディタウィンドウを開き、Stage8で学習した 新規の8ステップ で『ラッキー7』というファイルをつくり、コードを実行してみましょう」

「エディタウィンドウに書いたら、 実行の 4 ステップ で実行しよう」

(※ エディタウィンドウは省略していますので、前ページの空中ディスプレイと同じコードを、『ラッキー 7.py』に書いてください)

Python Shell

```
=============== RESTART: E:\ ラッキー 7.py============
10
```

「ぼくは 10 が出た」

Python Shell

```
=============== RESTART: E:\ ラッキー 7.py============
ラッキー 7 だよ！
```

「ボクはラッキー 7 だったよ、やったぁ！」

「次のコードは、少し複雑になっています。意味を考えてください」

```python
1  import random
2  number = random.randint(1, 100)
3  if number % 7 == 0 and number % 11 == 0:
4      print(' 超ラッキー！ 77 だよ！ ')
5  elif number % 7 == 0:
6      print(' ラッキー！ 7 の倍数だよ！ ')
7  elif number % 11 == 0:
8      print(' ラッキー！ 11 の倍数だよ！ ')
9  else:
10     print(number)
```

「今度は 1 以上 100 以下の数が選ばれるね」

「3 は『7 で割ったあまりが 0 　and　11 で割ったあまりが 0』だから、『7 の倍数 and 11 の倍数』っていう意味だよね。『and』はどう考えればいいの？」

「7 の倍数であり、しかも 11 の倍数でもある、つまり 77 のことじゃないかな？」

「そっか、だから 4 で『 '超ラッキー！77 だよ !'』って表示されるんだ！」

「5 は『elif』が使われているから、『それ以外で 7 の倍数ならば』つまり『77 以外の 7 の倍数ならば』という意味だと思う」

「そのときは『 'ラッキー！7 の倍数だよ !'』って表示されるんだね」

「77 以外の 11 の倍数ならば、『 'ラッキー！11 の倍数だよ !'』と表示される。それが 7 〜 8 の意味だね」

「それ以外の場合、つまり 7 の倍数でも 11 の倍数でもない場合は、その数が表示される。それが 9 〜 10 の意味だよね」

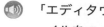「エディタウィンドウを開き、 新規の 8 ステップ で『ラッキー 77』というファイルをつくり、 実行の 4 ステップ でコードを実行しましょう」

（※ エディタウィンドウは省略していますので、前ページの空中ディスプレイと同じコードを、『ラッキー 77.py』に書いてください）

Python Shell
```
=============== RESTART： E:\ ラッキー 77.py============
85
```

「ぼくは 85 が出たよ」

Python Shell
```
=============== RESTART： E:\ ラッキー 77.py============
76
```

「ボクは 76 で、すごくおしかったよ。ラッキー 77 が出るまで何回もやってみようよ !」

「うん、そうしよう！」

CHECK ★

空欄の【1】～【5】に適当な単語・数字を入れて、コードを完成させましょう。

5と10の倍数.py

```python
import random
a = random.【1】(1, 10)
if a % 2 == 0 【2】 a % 5 ==0:
    print('その数は10だよ')
【3】 a % 2 == 0:
    print('その数は2の倍数だよ')
【4】 a % 5 == 0:
    print('その数は5の倍数だよ')
【5】 :
    print(number)
```

コラム 7-1

機械式から電子式、そして量子式のコンピュータへ①

　現存する世界最初の機械式コンピュータは、1645 年につくられた歯車式計算機で、足し算・引き算のみができるものでした。1672 年には、かけ算・割り算もできるものがつくられました。電卓が当たり前の現在から考えると、とるに足らないように思えますが、当時としては画期的なものでした。

　時は飛んで 1946 年のアメリカで、世界最初の電子式コンピュータ『ENIAC（エニアック）』が発表されました。アメリカ陸軍において、弾道計算をする目的でつくられたもので、報道では『巨大頭脳』(Giant Brain) との名称も付けられました。では、この『巨大頭脳』の大きさと機能は、どのくらいだったと思いますか？

　ENIAC は重量 27 トン、床面積 167㎡で、内部には 17468 本の真空管など総計 10 万個の部品がある超巨大なもので、17 万ワットの電力を消費して、1 秒間に 5000 回の足し算を処理できるというものでした。

　さて、21 世紀に入り、電子式コンピュータはどれほど進歩したでしょうか。この原稿を書いている 2019 年 11 月現在において、世界最速のスーパーコンピュータ (略してスパコン) である『Summit』(アメリカの IBM 社製) は、1 秒間に 20 京回の計算処理ができるそうです。1 京は 1 億の 1 億倍です。ものすごい進歩ですね。

CHALLENGE ★★★

 「モンティ、カードをつくっているの？」

 「うん、トランプをつくっているの。いまちょうど、16 まで書けたよ」

 「モンティ、トランプでは、1 ～ 10 までは数のカードで、11 ～ 13 までは絵札だよ。それに、14 以上の数はないよ」

 「そうだった……まちがえちゃったよ」

 「せっかくだから、分類するプログラムを書いてみようよ！、まずは、1 ～ 16 までのランダムな数値を出すようにしてみよう」

 「うん。1 が出たら、『エースが出たよ』と表示するね」

 「2 ～ 10 までの数だったら、『数の札だよ』と表示しよう」

 「11 ～ 13 だったら、『絵札でした！』と表示するよ」

 「14 ～ 16 だったら、『はずれだよ！』と表示しよう。おもしろそうだね！」

 「ほんと？　よかったよ♪」

Q. 飛翔とモンティが書いたプログラムをつくってください。

コラム 7-2

機械式から電子式、そして量子式のコンピュータへ②

　スパコンを動かすうえで最も問題になることは、大量の熱が発生することです。その冷却のために、膨大な電力が必要になります。スパコンで使われる電力の大半が、本来の目的である計算処理ではなく、冷却に使われているそうです。

　では、電力消費量を抑えることはできないのでしょうか？

　実は、近年、研究開発が進められている『量子コンピュータ』なら、圧倒的に少ない電力で動かすことが可能です。さらに、計算速度も飛躍的に高まるのではと期待されています。量子コンピュータは、まだ本格的な実用化には至っていませんが、世界各国で多額の政府資金が投入されて開発競争が繰り広げられています。量子コンピュータが実用化されれば、人工知能も飛躍的に進化すると考えられています。興味のある方は、是非、量子コンピュータの道に進んでください！

バグについて

　プログラミングの勉強はどうですか？　みなさんきっと、自分で書いたコードが動く楽しさを感じていることと思います。

　筆者の私もプログラミングが好きです。つくりたいもののロジックを頭の中で考え、具体的にコードを書き、最後に動かす。想定どおりに動いたときは、「よしよし、順調順調」と思います。

　しかし、いざ動かしてみると、うまくいくことは実は少ないのです。たいていの場合は、途中で止まるか、変な結果が出るなど、何かしらの『バグ』が発生してしまいます（『バグ』とは、プログラムの誤りや欠陥のことです）。完ぺきに書いたはずだ、自分がまちがえているわけがない、コンピュータがまちがえているのではないか、と思ってしまうことさえあります。

　だいじょうぶ、バグの発生は普通のことです。バグが一切ない完ぺきなコードを1回で書ける人はほぼ0（ゼロ）です。

　バグが発生したら、その原因特定が必要となります。書いたコードを1行1行、目視で確認したり、実行中の各変数の値を出力してみたり。この作業はスピード感がなく地味ですが、探偵になったつもりで行うとおもしろいですよ。隠れている犯人を論理的に探していく感覚です。ナンプレ（数独）の各マスに入りうる数字をしぼっていく感覚にも似ているかもしれません。

　こうして、ついにバグの原因が特定できたときには、私は暗雲が一気に晴れたような感覚を覚えます。と同時に、思うのです。「ああ、まちがっていたのは私のほうだった、コンピュータさん疑ってごめんなさい」と。

　あとは修正して、再度実行するだけ。今度はうまく動くといいですね。……ところが残念ながら、今度は別のバグが発生することが多いのです。そうしたら、また同じことのくり返しです。

　プログラムをつくりたいのに、バグの原因特定ばかりで、いやになってしまうこともあるかもしれません。しかし、バグは、コードの堅牢性向上に貢献するという、ありがたい側面もあります。バグが発生することで、コードの中の不完全な部分が認識できるのです。

　いちばん危険なのは、潜在的なバグが一向に露見しないことです。

　このリスクを下げるためには、さまざまなシナリオでコードを実行するとよいでしょう。たとえば、入力するコードにおいては、入力値をさまざまに変えてみて、挙動が妥当なものであるか確認したりします。このようなプロセスを経て、安全なコードが完成していくんですね。

(K.K.)

Day 5 創る

input 関数の使い方
— パイソンでおみくじをつくろう！

『パイソン超入門』の最終日です。飛翔は朝５時に起きて PC を開きました。

　「しょう君、おはよう！ 今日は早いね」

　「今日の放課後、蒼空せんぱいに会うことになっているんだ。Stage18 まで仕上げておく約束をしたから、がんばらないと！」

　「今日で超入門は終わっちゃうんだね」

そう答えると、モンティの体が少し縮みました。

　「あれ、モンティ、ちょっと小さくなった気がするけど、どうしたの？」

　「なんでもないよ。それよりも勉強しようよ！」

　「今日はおみくじをつくります。最初に『インプット (input) 関数』について学習しましょう。インプット関数とは、打ちこまれた文字や数字を、データとしてプログラムに取りこむことができる関数のことです」

インプット関数

`○○ = input(' □□ ')`

意味：実行後に、□□の後ろに入力された文字や数字などが、

変数名○○のデータとしてプログラムに取りこまれる。

なお、入力されたデータのタイプは、すべて文字列 (str) となる

　「よくわからないよ……」

　「やってみればわかりますよ。 新規の８ステップ で『あいさつ』というファイルをつくり、次の１〜２のコードを書いて実行してください」

```
1  name = input(' あなたのお名前は？：')
2  print(' こんにちは、' + name + ' さん ')
```

words

input：インプット：入力する　　　　name：ネーム：名前

「エディタファイルに書いて実行すると、シェルウィンドウが開いて、こんな表示が現れたよ」

Python Shell

=============== RESTART: あいさつ .py===============

あなたのお名前は？：

「『:』の後ろに、名前を入力して、エンターキーを押してください」

「モンティの名前を入れてみるね」

Python Shell

=============== RESTART: あいさつ .py===============

あなたのお名前は？：モンティ

こんにちは、モンティさん

「わぁ！ パイソンがボクにあいさつしてくれたよ。『' こんにちは、' + name + ' さん '』の name の部分にボクの名前が取りこまれたんだ！」

「このように、input 関数では、打ち込んだデータを変数の値として取り込むことができます。では、input 関数を使って、おみくじを作成しましょう」

```python
1  import random
2  omikuji = [' 大吉 ', ' 中吉 ', ' 吉 ', ' 小吉 ', ' 凶 ']
3  kuji = input(' おみじくじを引くために z のキーを押してください:')
4  if kuji == 'z':
5      print(random.choice(omikuji))
```

codes

random.choice(リスト名)
　ランダムに要素が 1 つ選ばれる

words

choice：チョイス：選ぶこと、選んだもの

「1 でランダムの機能を取りこんで、2 で『omikuji』というリストをつくっているね」

「おみくじを引くためには『z』のキーを押すんだね。『z』が入力されれば、4 のコードによって、リストからおみくじがランダムに選ばれるね」

「ランダムに選ばれるから、何が出てくるのかわからない。ドキドキするよね」

「では、エディタウィンドウを開いて、 新規の8ステップ で『おみくじ』といういうファイルをつくり、1〜5のコードを書いてください」

(※ エディタウィンドウは省略していますので、前ページの空中ディスプレイを見てコードを書いてください)

Python Shell

```
=============== RESTART：おみくじ.py===============
z のキーを押してください：
```

「おみくじがひけるよ。モンティ、やってごらんよ」

「『z』のキーを押してから、エンターキーを押せばいいよね！」

Python Shell

```
=============== RESTART：おみくじ.py===============
z のキーを押してください：z
大吉
```

「やったぁ！ 大吉が出たぞ」

「すごい！ z以外の文字を打ったらどうなるのかな？ 試しに『a』を打ってみるね」

Python Shell

```
=============== RESTART：おみくじ.py===============
z のキーを押してください：a
>>>
```

「何にも出ないよ」

「先ほどのコードには『else』が設定されていないので、『z』以外の文字を入力した場合には何の反応もありません」

「まちがえて別のキーを打った場合に、やり直しができるといいのにね」

「ifの中にさらにifのコードをつくることで、もう一度、文字を打ち直すことができるようになります」

```
1   import random
2   omikuji = ['大吉', '中吉', '吉', '小吉', '凶']
3   kuji = input('おみくじをひくために、zのキーを押してください:')
4   if kuji == 'z':
5       print(random.choice(omikuji))
6   else:
7       kuji2 = input('zのキーを押してください：')
8       if kuji2 == 'z':
9           print(random.choice(omikuji))
10      else:
11          print('zのキーが押されなかったので、おみくじがひけませんでした')
```

「1～5までのコードはさっきと同じだよ」

「6のコードで、zが押されなかった場合の処理が加えられているね」

「7のコードで、2回目に入力したデータが『kuji2』という変数の値として取りこまれているね。2回目にzが押されたら、8と9のコードで、おみくじがひけるようになるよね」

「2回目にもzが押されなかった場合は、10と11のコードによって、『おみくじがひけませんでした』と表記されるんだ。ぼくたち、コードの意味がずいぶんとわかるようになってきたね！」

「ほんとだね♪ ボク、1回目にわざとまちがえて、2回目に正しくおみくじをひいてみるよ」

Python Shell

```
=============== RESTART：おみくじ.py===============
zのキーを押してください：a
zのキーを押してください：z
吉
```

「今度は吉だったよ」

「２回ともまちがえたらどうなるのかな？　１回目は a、２回目は b を打ってみ
よう」

Python Shell

```
============== RESTART: おみくじ .py==============
z のキーを押してください：a
z のキーを押してください：b
z のキーが押されなかったので、おみくじがひけませんでした
```

「『z のキーが押されなかったので、おみくじがひけませんでした』と表記され
たね。この文章は長いから、コードを書くときに改行できれば便利なのにね」

「では、改行方法について説明しましょう。
コードを改行して書きたい場合、単にエンターキーを押しただけではエラー
になってしまいます。『￥』を書いてからエンターキーを押すと改行できます」

「『￥』キーはどこにあるの？」

「『￥』を表示する方法は、Windows と Mac で異なります。
Windows では、半角で『￥』のキーか、または『 \ （バックスラッシュ）』
のキー」を押してください」

「『￥』でなくて、『 \ 』でもいいのはなぜなのかな？」

「Windows では、半角で『 \ 』のキーを押すと『￥』が表示されるのです。
機種によっては表示が『 \ 』のままの場合もありますが、それでもきちんと
改行されるので、大丈夫です」

『￥』の表示方法

① Windows の場合

半角で『￥』のキー、または『 \ （バックスラッシュ）』のキーを押す

※『 \ 』は、ひらがなの『ろ』と同じところにある

② Mac の場合

option キーを押しながら『￥』を押す

「では、シェルウィンドウに1〜3のコードを書いて実行してください」

```
1  print('1234567890￥
2  1234567890￥
3  1234567890')
```

Python Shell
```
>>> print('1234567890￥
1234567890￥
1234567890')
123456789012345678901234567890
```

「コードを書くときは改行したけど、表示されたものは全部つながってるね！　それと、コードに書いた『￥』は表示されないんだね」

「次に、表示も、コードも両方とも改行する方法を説明します。下記のように、『'』のかわりに『'''』として、改行したい部分でエンターキーを押します」

```
1  print('''1234567890
2  1234567890
3  1234567890''')
```

「『'』を3回続けて打つの？」

「そのとおりです。または、『"』を3回続けて『"""』としてもよいです」

改行の方法

①コードは改行するけれど、表示は改行しない場合

『￥』を書いてから、エンターキーを押す

②コードも表示も改行したいとき

最初に『'』のかわりに『'''』（または『"""』）を書いて、
改行したい部分でエンターキーを押す。

最後も『'』のかわりに『'''』（または『"""』）を書く

「では、シェルウィンドウに1〜3のコードを書いて実行してください」

Python Shell

```
>>> print('''1234567890
1234567890
1234567890''')
1234567890
1234567890
1234567890
```

「今度はコードも表示も、改行されたね。今回はいろんな記号を使ったね」

（※『特別付録3：記号の位置・読み方・使い方』にまとめてあります。記号がよくわからない人は、
参考にしてください）

CHECK ★

以下はなぞなぞに関するコードです。空欄の【1】〜【5】に適当な単語・数字を
入れて、コードを完成させましょう。

なぞなぞ.py

```
answer = input('地球の衛星は何でしょう？¥
Mで始まる英語で答えてね：')
【1】answer == '【2】':
    print('正解！')
else:
    answer2 = 【3】('ちがうよ、もう一度考えてね：')
    if answer2 == '【4】':
        print('今度は正解だよ！')
    【5】
        print('残念')
```

 「しょう君、クイズに答えてね。Aさん、Bさん、Cさんの3人がいて、3人のうち、だれか1人がどろぼうです」

 「だれがどろぼうか、あてるんだね」

 「Aさんは『私はどろぼうではありません』といって、Bさんは『Cさんがどろぼうだ』といって、Cさんは『Aさんがどろぼうだ』といっています」

 「矛盾してるね」

 「3人のうち、どろぼうだけがウソをついていて、残りの2人は本当のことをいっています。では、どろぼうはだれでしょう？」

 「Aさんがどろぼうだとすると、自分はどろぼうではないと答える。その場合……ところで、このクイズ、パイソンでつくれるんじゃない？」

 「ほんと？ やってみるよ。1行目は『print('～')』として、～の部分に問題文を書くよ」

 「問題文は改行して書くといいね。2行目には答えを入力してもらおう。
『doro = input(' どろぼうはだれでしょう？
A，B，Cのどれかで答えてね ')』
とすればいいね」

 「その後、if と else を使えば、何とかできそうだよ」

Q. では、みなさん、クイズを解いて、コードを完成させてください。

131

『while True』『break』『continue』の使い方
― 無限ループに気をつけよう！

「Stage19 と 20 で数当てゲームをつくるので、そこで必要になるいくつかの技を、ここで学習しておきます。そのために、前回の復習から始めましょう」

```
1  number = input('2けたの数字を入力してください：')
2  number
3  type(number)
```

「『input 関数』で打ちこまれた数字は、文字として認識されます。そこで、文字列 (str) のデータを整数 (int) のデータに変換する方法を学習します。まずは、シェルウィンドウに 1 のコードを書いて実行し、数字を入力した後に 2 のコードを実行してください」

「55 を入れてみるね」

Python Shell
```
>>> number = input('2けたの数字を入力してください：')
2けたの数字を入力してください：55
>>> number
'55'
```

「55 に『''』が付いてるよ？」

「ということは、55 は整数ではなくて、文字列として認識されているんだ」

「3 のコードを書いてエンターキーを押し、データのタイプを確認しましょう」

Python Shell
```
>>> type(number)
<class 'str'>
```

「<class 'str'> と表示されたよ。『str』(ストリング)は、『文字列』だから、55 は数字なのに、文字列として認識されているんだ」

「下記のコードを使うと、文字列のデータを整数のデータに変換できます」

> **データのタイプを整数 (int) に変換する方法**
> ○○ = int(□□)
> 意味：□□のデータのタイプを整数 (int) に変える

「では、4 〜 6 のコードを実行してください」

```
4  num = int(number)
5  num
6  type(num)
```

 「4 で number を整数に変換し、その値を変数『num』に代入しているんだね」

 「じゃあ、『'55'』が『55』になるのかな？ 試してみるね！」

Python Shell

```
>>> num = int(number)
>>> num
55
>>> type(num)
<class 'int'>
```

「<class 'int'> と表示された。データのタイプが整数 (int) に変わったね！」

「では、次の技に入りましょう。『while True:』と『break』と『continue』について学習します。下のコードをみてください」

```
1  number = 0
2  while True:
3      print(number)
4      number += 1
```

「『while True:』というコードがあると、その下のインデント（空白）があるコードの内容が、何度もくり返し、実行されます」

「『number = 0』なので、3 のコードで『0』が表示されるね」

「4 のコードで 1 が足されるから、次に『1』が表示され、次に『2』が表示され、これがずっとくり返されるのかな？　シェルウィンドウで試してみよう」

Python Shell

```
1012
1013
1014
1015
1016
…
```

「……わ、わ、わ、次々と数が出てきて止まらないよ！　もう 1000 を超えちゃった、どうしよう！　PC がこわれちゃったよ！」

「こわれていません。この状態を『無限ループ』といいます。放置するとこわれてしまうのですぐにウィンドウを閉じてください」

Windows のボタン　　　　　　　　　Mac のボタン

ー　□　✕　　　　　　　✕　ー　▶

クリックする

「ふ～、ビックリしたよ。無限ループを避けることはできないの？」

「『break』というコードを書くと、無限ループから脱出することができます。『while True』と『break』はセットで使いましょう」

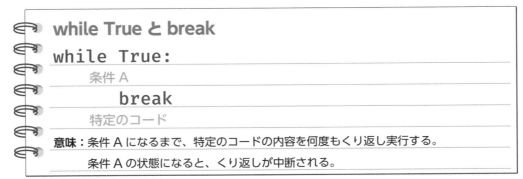

while True と break

```
while True:
    条件 A
        break
    特定のコード
```

意味：条件 A になるまで、特定のコードの内容を何度もくり返し実行する。

条件 A の状態になると、くり返しが中断される。

words

break：ブレイク：中断する

「『break』を使った具体例をみてみましょう」

```
1  number = 1
2  while True:
3      if number >= 5:
4          break
5      print(number)
6      number += 1
```

「3 のコードの『5以上になったら』が条件になっていて、その場合には 5
と 6 のコードが中断されるんだね。シェルウィンドウで試してみよう」

Python Shell

```
>>> number = 1
>>> while True:
        if number >= 5:
            break
        print(number)
        number  + = 1

1
2
3
4
```

memo

「さらに『continue』を加えると、途中で別のコードを実行することも可能です」

---

while True と break と continue

```
while True:
    条件 A
        break
    条件 B
        別のコード
        continue
    特定のコード
意味：条件 A になるまで、特定のコードの内容を何度もくり返し実行する。
    条件 A の状態になると、くり返しが中断される。
    ただし、途中で条件 B になったときには、別のコードが実行される
```

---

words

continue：カンティニュー：続ける

「『break』と『continue』を使った具体例をみてみましょう」

```python
1  number = 1
2  while True:
3      if number >= 8:
4          break
5      if number == 2:
6          print('2 だよ ')
7          number += 1
8          continue
9      print(number)
10     number += 1
```

 「5 ～ 8 が新しく加わったね。number が 2 になったときは、『2 だよ』って
表示して、また数を 1 増やして、数だけ表示するコードにもどるんだね」

 「8 以上になると中断されるから、7 まで表示されるよね。試してみるよ」

```
>>> number = 1
>>> while True:
        if number >= 8:
            break
        if number == 2:
            print('2だよ')
            number += 1
            continue
        print(number)
        number  + = 1
1
2だよ
3
4
5
6
7
```

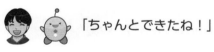「ちゃんとできたね！」

充電中

CHECK ★

以下は文字列のアレンジに関するコードです。空欄の【1】～【5】に適当な単語・数字を入れて、コードを完成させましょう。

Python Shell

```
>>> x = 【1】( ' 1けたの数字を入力してください：' )
1けたの数字を入力してください：5
>>> x
【2】
>>> type ( x )
< 【3】【4】 >
>>> y = 【5】(x)
>>> y
5
```

CHALLENGE ★★★

「しょう君、5W 1H って知ってる？」

「うん。when, where, who, what, why, how のことだよね」

words

when：ウェン：いつ	where：ウェアー：どこで	who：フー：だれが
what：ウァット：何を	why：ウァイ：なぜ	how：ハウ：どのように

「それぞれ4つずつ考えて、ランダムに組み合わせて文章をつくれるかな？」

「パイソンでつくれそうだよ。おもしろそうだなぁ、やろうよ！」

「when は、『5秒前、3000年後、空に虹が出たとき、おこられた後で』にするよ」

「where は、『教室の中で、富士山のてっぺんで、海底の洞窟で、４DX の映画館で』がいいな」

「who は、『ニュートンとネコが、緑色の宇宙人が、ゾウの赤ちゃんが、やせたおすもうさんが』はどう？？」

「おもしろそうだね。what は、『タバスコ入りのチョコレートを、ゲーム機を、白いカラスを、PC を』でいい？」

「why は『お腹がいっぱいだったから、寝不足だったから、とってもうれしかったから、なんとなく』にするよ」

「最後が how だと変だね。どうしよう……そうだ！　リスト名は did として、『笑い転げた。投げ上げた。ポケットにしまった。1 億円で売った。』にしよう」

words

did：ディドゥ：行動した

「『`import random`』と『`while True:`』は使うよね」

「その後は、『`print(random.choice(when), …)`』とすればいいね」

「順番はどうするの？」

「日本語の語順で考えると、who, when, where, why, what, did の順がいいと思うよ」

「続けたいときと、やめたいときは、どうやればいいかな？」

「input 関数を使って、
『`x = input('` やめるときは z のキーを押して、続けるときはほかのキーを押してね `:')`』
と表示すればいいよね」

「そうか、あとは break と continue を設定すれば、できそうだね」

「どんな文章ができるか、ワクワクするね」

Q. 2 人の会話を参考に、ランダムな文章をつくるプログラムを作成してください。

Stage 19

FGG：Figure Guessing Game の作成 (1)
― 数当てゲームをつくろう (1)

放課後の教室に、蒼空（そら）と飛翔（しょう）とモンティが集まりました。

「これまでの課題はこなせた？」

「もちろん！」

「じゃあ、これからみんなで『FGG：Figure Guessing Game（フィギュア・ゲッシング・ゲーム)』をつくりましょう！」

> **words**
>
> figure：フィギュア：数　　　　　　　　game：ゲイム：ゲーム
> guessing ：ゲッシング：推測すること

「『Figure Guessing Game（フィギュア・ゲッシング・ゲーム)』って何？」

「『数当てゲーム』のことよ。1～100までの数を当てるゲームをつくるの」

「わぁ、おもしろそう！」

「数字が100個もあると、1回で当てるのは大変だよ」

「じゃあ、10回までトライできるようにしましょう」

「早く当てた人ほど高い点数になるとおもしろいんじゃないかな？」

「1回で当たれば100点、2回では90点、3回では80点というように、回数が増えると点数が10点ずつ減るように設定しましょう。これで全体的な構造が決まったので、それをまとめるね」

蒼空はPCにコードを打ちこみ、それを空中ディスプレイに映しました。

①パイソンが 1 ～ 100 までの中から数を 1 つランダムに選ぶ

② count（回数）と score（点数）を設定する

③ count > 0 の場合：残りの回数を表示し、数を当ててもらう

　　# ④ 1 ～ 100 以外の数字が打ちこまれた場合

　　# ⑤パイソンの数と打ち込んだ数の差を計算

　　# ⑥パイソンの数を当てた場合

　　# ⑦差が 50 以上の場合

　　# ⑧差が 30 以上 50 未満の場合

　　# ⑨差が 10 以上 30 未満の場合

　　# ⑩差が 4 以上 10 未満の場合

　　# ⑪差が 1 以上 4 未満の場合

⑫ count = 0 の場合：ゲームオーバー

「手順が①～⑫まであるんだね。大変だよ！」

「①の最初にある『#』（シャープ）の記号の意味は何ですか？」

「文章の前に#の記号を付けると、その行はコードとして認識されず、コメントとみなされるの」

「コメントが書いてあると、コードの意味がわかりやすいね♪」

  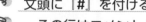

コメントの書き方

文頭に『#』を付ける

→その行はコメントとみなされ、コードとして認識されない

コメントはエディタウィンドウでは赤い文字で表示される

注意：『#』は必ず半角で入力する（全角で入力するとコメントとして認識されない）

「エディタウィンドウを開いて、『FGG.py』をつくって、①～⑫の手順を書いてください。文頭には、必ず#を付けてね」

「書きました！」

「では①〜⑫までの手順をコードにしていきましょう。私はヒントをいうので、コードは2人で考えてね」

 「大変だ！」

①パイソンが1〜100までの中から数を1つランダムに選ぶ

「数をランダムに選ぶから、最初に『import random』を書けばいいかな？」

「そうだね。次に、1〜100の中からランダムな数を選ぶから、『random.randint(1, 100)』でいいと思う」

「パイソンが選んだ数に変数名を付けましょう。『python_number』でいいかなぁ……いや、短縮して『py_number』にしましょう。その後、パイソンが数を選んだということを表示してくれる？」

「『print('パイソンは1〜100の中から数を1つ選びました')』でいいかな？」

「いいね。ここまでのコードをエディタウィンドウに書いてみるよ」

FGG①.py

```
# ①パイソンが1〜100までの中から数を1つランダムに選ぶ
import random
py_number = random.randint(1, 100)
print('パイソンは1〜100の中から数を1つ選びました')
```

② count(回数)とscore(点数)を設定する

words

count：カウント：回数 　　　　　　score：スコア：点数

「10回挑戦できるから、『count = 10』だよね。scoreはどうしよう？」

「1回で当てると100点だから、scoreは最初は100として、だんだん減らしていけばいいね。もちろん、countも減らしていくよね」

```
# ② count（回数）と score（点数）を設定する
count = 10
score = 100
```

③ count > 0 の場合：残りの回数を表示し、数を当ててもらう

「③のコードを書く前に、全体構造を説明するね。③の最初に
　『while count > 0:』
　というコードを書きます。
　回数が0よりも大きいときに④〜⑪が起こるので、
　④〜⑪のコードには、文頭に空白（インデント）が付きます。
　そして、⑫のコードでやっと、空白（インデント）がなくなります。
　③のコードと⑫のコードはセットになっていて、
　　　『while count > 0:
　　　　　※ ④〜⑪までのコード
　　　else:
　　　　　※ ゲームオーバー』
　という構造になります」

「count が0になった場合が『else』で、そのときにゲームオーバーになっ
たことを表示するんですね。忘れないようにしとかなきゃ」

「残りの回数を表示するときは
　　　『print(' 挑戦できる回数は、あと ' + str(count) + ' 回です ')』
　としてくださいね」

「str(count) って何？」

「文字列 (str) と文字列 (str) を『+』でつなぐことはできるのだけど、文字列 (str)
と整数 (int) を『+』でつなぐことはできないの。count の型は整数 (int) になっ
ているから、型を文字列に変える必要があるのね」

「文字列を整数に変えるときは、『int(○○)』というコードを書いたけど、
今回はその逆で、整数を文字列に変えるから、『str(○○)』というコード
を書けばいいんだね！」

143

「そのとおりよ！ モンティ、よくわかったね！」

データのタイプを文字列 (str) に変換する方法
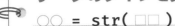
○○ = str(□□)

意味：□□のデータのタイプを文字列 (str) に変える

「次に、ゲームの挑戦者に数を入力してもらいます」

「『input 関数』を使えばいいから、
『x = input(' パイソンが選んだ数を当ててください ')』
としてみるよ」

「『input 関数』で入力した数字のデータのタイプは何だったか覚えてる？」

「文字列だったよ！」

「そうね。では、それを整数に変換して、新たな変数名を付けてね」

「変数名は『your_number』として、ここまでのコードを書きます！」

FGG ③ .py

```
# ③ count > 0 の場合：残りの回数を表示し、数を当ててもらう
while count > 0:
    print(' 挑戦できる回数は、あと ' + str(count) + ' 回です ')
    x = input(' パイソンが選んだ数を当ててください ')
    your_number = int(x)
```

words

your：ユア：あなたの

④ 1 〜 100 以外の数字が打ち込まれた場合

「『1 〜 100 以外の数』は、1 未満か 100 より大きい数だから、
『if your_number < 1 and your_number > 100:』
でいいのかな？」

「いいえ。『and』を使うと「1より小さい条件」と「100より大きい条件」の両方を満たすという意味になってしまうの」

「どうすればいいんだろう……わかった！『or』を使えば、「1より小さい場合、あるいは100より大きい場合には」という意味になるよ！」

「モンティ、すごいわ！では、そのコードの下に、
　　　『print（'1〜100までの数を書いてください'）』
と書いてね。その後、countを1、scoreを10減らしましょう」

「『count -= 1』と『score -= 10』でいいですよね」

FGG④.py

```python
# ④ 1〜100以外の数字が打ち込まれた場合
if your_number < 1 or your_number > 100:
    print('1〜100までの数を書いてください')
    count -= 1
    score -= 10
```

⑤パイソンの数と打ちこんだ数の差を計算

「py_numberとyour_numberの差を計算する場合、どちらが大きいのかを判別しないと、差がマイナスになりますね」

「その場合には『abs(　)』というコードを使うと便利よ。（　）の数の絶対値を表示してくれるの」

「絶対値って？」

「プラスの数はそのまま表示して、マイナスの数はマイナスを取りのぞいて表示するの。わき道にそれるけれど、練習で次のコードを書いてみましょう」

```python
1  abs(10)
2  abs(-20)
3  abs(20 - 5)
4  abs(5 - 20)
```

絶対値のつくり方

abs(○○)

※ ○○の部分には数または計算式を入れる

意味：数または計算結果の絶対値を表示する。

0以上の数値の絶対値は元の数値と同じものを表示する。

0より小さい数値の絶対値は、マイナスの符号を取りのぞいた数値を表示する。

words

abs：absolute value の省略形

absolute value：アブソリュート・ヴァリュー：絶対値

 「1 は 10 で、2 はー（マイナス）の記号を取りのぞくと 20 になるよ」

 「3 は計算すると 15 で、4 は計算するとー15 だけど、マイナスをとるから 15 と表示されるね。シェルウィンドウで試してみます！」

Python Shell

```
>>> abs(10)
10
>>> abs(-20)
20
>>> abs(20 - 5)
15
>>> abs(5 - 20)
15
```

 「絶対値の意味がわかったよ！」

 「py_number と your_number の差を絶対値で表したものを sa とすると、
『sa = abs(py_number - your_number)』
でいいですか？」

 「そうね。では、ここまでのコードをまとめてね」

```
# ⑤パイソンの数と打ち込んだ数の差を計算
sa = abs(py_number - your_number)
```

 「この後のコードは、Stage20 でつくっていきます。まだまだ序の口よ！
大変だけど、がんばってついてきてくださいね！」

コラム 9

小数の計算の誤差

シェルウィンドウで次のコードを入力してみましょう。

```
>>> if 0.1 * 3 == 0.3:
        print('Yes')
else:
        print('No')
```

もちろん 0.1 × 3 = 0.3 ですから、これを実行すると Yes と表示されるはずです。ところが実際には、**No** と表示されます。これはいったいどういうことでしょうか。実は、このまちがいにはコンピュータのもつ 2 つの重要な特徴がかかわっています。

私たちはふつう計算をするとき、0 から 9 までの数字を使う十進法を用います。しかし、コンピュータの大きな特徴として、コンピュータは十進法で入力された数を 0 と 1 しか使わない二進法で書き直してから計算し、最後に必要に応じて十進法にもどすということをします。たとえば十進法の 0.1 を二進法に直すと、次のように無限に続く小数になります。

0.00011001100110011001100110011…

ここで、コンピュータのもつ、もう 1 つの特徴が問題になります。それは「コンピュータは無限に続く数を記憶できない」というものです。たとえば、いまコンピュータが 16 けた分しか記憶できないとすると、コンピュータは上で求めた値に最も近い、16 けた分の値を記憶します。

0.0001100110011001

これを 3 倍した値は、0.010011001100111 です。一方、0.3 を二進数で表した値の最初の 16 けたは 0.010011001100110 となり、2 つの値は違うものになってしまいました。

今回の場合、誤差はほんのわずかでしたが、くり返し計算をしていると誤差がどんどん大きくなり、無視できない値になります。正確な結果がほしい計算では、小数の計算をなるべく減らすような計算順序を考えることも大切になります。

(Y.H.)

CHECK ★

以下は1けたの数当てゲームのコードです。空欄の【1】〜【5】に適当な単語・数字を入れて、コードを完成させましょう。

1けたの数当てゲーム.py

```python
import random
number = random.【1】(1, 9)
a = 【2】('1けたの数字を打ちこんでね:')
kazu = 【3】(a)
while 【4】:
    if kazu == number:
        print('おめでとう。正解です')
        break
    【5】 kazu > number:
        print('もっと小さな数だよ')
    else:
        print('もっと大きな数だよ')
```

memo

CHALLENGE

「しょう君、パイソンとじゃんけんができればおもしろいよね！」

「つくってみようよ！　いっしょにコードを考えよう」

「PC はグーやチョキやパーを出すことができないよ。どうすればじゃんけん
ができるかな？」

「……１〜３の数をランダムに出して、１ならグー、２ならチョキ、３なら
パーと表示するのはどうかな？」

「いいアイデアだね！『input 関数』を使えば、対戦者が、グーやチョキやパー
を打ちむことができるよね」
　　　『player = input(' グーかチョキかパーを書いてください: ')』
というコードでいいかな？」

> **words**
>
> player：プレイヤー：選手

「いいね。次に、勝ち負けの判断方法を考えよう」

「対戦者がグーのとき、Python にはグー、チョキ、パーの３通りの出し方が
あるよね。対戦者がチョキのときも３通り、パーのときも３通りあるから、
３×３＝９で、全部で９通りのコードを書かなければいけないよ。もっと簡
単にならないかな？」

「『player == python』ならば、『あいこ』と表示できるよ！」

「ほんとだ！　それでコードがずいぶん少なくなるね。その後は……」

Q.　２人の会話を参考にして、パイソンとじゃんけんをするコードを完成させて
　　ください。

20 FGG : Figure Guessing Game の作成 (2)

― 数当てゲームをつくろう (2)

\# ⑥パイソンの数を当てた場合

「数が当たった場合は、
『`if py_number == your_number:`』
でいいの？」

「それでも OK だけど、『sa』を使うともっと短いコードで書けるわよ」

「そうか！ 『`if sa == 0:`』と書くと早いね」

「そうね。その下に、『正解！』と、得点を表示しましょう」

「『`print(' 正解！ あなたの得点は ' + str(score) +' 点です ')`』
でいいですか？」

「OK！ 数が当たれば、ゲーム終了になるから、『break』を付け加えて、コードを止めます」

FGG ⑥ .py

```
# ⑥パイソンの数を当てた場合
    if sa == 0:
        print(' 正解！あなたの得点は ' + str(score) + ' 点です ')
        break
```

\# ⑦差が 50 以上の場合

「if の次は elif を使うから、『`elif sa >= 50:`』でだいじょうぶかな？」

「いいわね♪ このときは、どんな言葉を表示したい？」

「『`print(' 全然ちがうよ。50 以上も差があるよ ')`』でいいかな？」

「OK！　そして、回数と点数を減らすコードを加えてね」

FGG⑦.py

```
# ⑦差が 50 以上の場合
    elif sa >= 50:
        print(' 全然ちがうよ。50 以上も差があるよ ')
        count -= 1
        score -= 10
```

```
# ⑧差が 30 以上 50 未満の場合
# ⑨差が 10 以上 30 未満の場合
# ⑩差が 4 以上 10 未満の場合
# ⑪差が 1 以上 4 未満の場合
```

「⑦ができれば、⑧～⑪は似たようなコードだから、簡単につくれるよ」

「30 以上 50 未満は
『elif sa >= 30 and sa < 50:』
でいいですか？」

「⑦で『sa >= 50』という設定をしているから『sa < 50』は不要よ」

「???　なんで？」

「⑧で『elif』と書くと、『sa >= 50 以外の場合』という意味になるから、
『sa < 50』という条件はすでに設定されていることになるからよ」

「……そうか！　むずかしいけど、なんとかわかったよ。print のところには、
『かなりちがうよ。30 以上 50 未満の差があるよ』とかどう？」

「いいね♪　⑨～⑩は、⑧をもとにして直せばいいから、表示する言葉だけ考
えていけばいいね」

「⑨は『まだ 10 以上 30 未満の差があるよ』はどう？」

「そうしよう。⑩は『かなり近づいたよ。差は 10 未満だよ！』にしてみよう」

「⑪は点数差に関する最後の表示だから『elif ～』ではなくて『else:』だけ書くので気をつけてね。文章は『すっごく近いよ！』にしましょう」

⑫ count = 0 の場合：ゲームオーバー

「10 回やっても数が当たらないと、count = 0 になってゲームオーバーとなります。よって、最後の⑫には、
『else:
　　　　print(' 残念。ゲームオーバーです ')』
を加えれば完成ね！」

「あれ、さっきも『else:』を書いたのに、また『else:』を書くの ???」

「ここは、ややこしいところなの。インデント（空白）部分を『□』や『□』で示して、全体構造をもう一度見直してみると、以下のようになっているの。『□』や『□』はエディタウィンドウには示されないので、注意してね」

```
while count > 0:
□□□□・・・
□□□□・・・
□□□□if sa == 0:
□□□□□□□□print( ～ )
□□□□□□□□・・・
□□□□□□□□・・・
□□□□elif sa >= 50:
□□□□□□□□・・・
□□□□□□□□・・・
□□□□else:
□□□□□□□□print(' すごく近いよ！ ')
□□□□□□□□・・・
□□□□□□□□・・・
else:
□□□□print(' 残念。ゲームオーバーです ')
```

「点数の差に関する『if』と『elif』と『else』は全部、『while count > 0』の下に含まれているコードだから、『□』と『□』の両方のインデント (空白) が付いているんだね！」

「そして、一番最後の『else:』は、『while count > 0』に対応するから、インデント（空白）が付いていないんだ。ようやく意味がわかったよ！」

「それでは、すべてのコードをエディタウィンドウに書きましょう」

「OK!」

「インデント（空白）がわかりやすいように、ここでも『□』と『□』を表記しましたが、これらはエディタウィンドウには示されないので気を付けてください。なお、『:』の後にエンターキーを押せば、IDLE が自動的にインデント（空白）を作ってくれるので、スペースキーを押してインデントをつくってはいけません。注意してくださいね」

FGG(全体).py

```
# ①パイソンが 1 ～ 100 までの中から数を 1 つランダムに選ぶ
import random
py_number = random.randint(1, 100)
print(' パイソンは 1 ～ 100 の中から数を 1 つ選びました ')


# ② count（回数）と score（点数）を設定する
count = 10
score = 100


# ③ count > 0 の場合：残りの回数を表示し、数を当ててもらう
while count > 0:
□□□□print(' 挑戦できる回数は、あと ' + str(count) + ' 回です ')
□□□□x = input(' パイソンが選んだ数を当ててください : ')
□□□□your_number = int(x)


# ④ 1 ～ 100 以外の数字が打ち込まれた場合
□□□□if your_number < 1 or your_number > 100:
□□□□□□□□print(' 1 ～ 100 までの数を書いてください ')
□□□□□□□□count -= 1
□□□□□□□□score -= 10
```

（次ページへつづく）

（前ページのつづき）

```python
# ⑤パイソンの数と打ち込んだ数の差を計算
    sa = abs(py_number - your_number)

# ⑥パイソンの数を当てた場合
    if sa == 0:
        print('正解! あなたの得点は ' + str(score) + '点です')
        break

# ⑦差が 50 以上の場合
    elif sa >= 50:
        print('全然ちがうよ。50 以上も差があるよ')
        count -= 1
        score -= 10

# ⑧差が 30 以上 50 未満の場合
    elif sa >= 30:
        print('かなりちがうよ。30 以上 50 未満の差があるよ')
        count -= 1
        score -= 10

# ⑨差が 10 以上 30 未満の場合
    elif sa >= 10:
        print('まだ 10 以上 30 未満の差があるよ')
        count -= 1
        score -= 10

# ⑩差が 4 以上 10 未満の場合
    elif sa >= 4:
```

（次ページへつづく）

（前ページのつづき）

```
□□□□□□□□print(' かなり近づいたよ。差は 10 未満だよ ')
□□□□□□□□count -= 1
□□□□□□□□score -= 10


# ⑪差が 1 以上 4 未満の場合
□□□□else:
□□□□□□□□print(' すっごく近いよ！ ')
□□□□□□□□count -= 1
□□□□□□□□score -= 10


# ⑫ count = 0 の場合：ゲームオーバー
else:
□□□□print(' 残念。ゲームオーバーです ')
```

 「よし、 実行の4ステップ で、ゲームをやってみよう」

Python Shell

```
=============== RESTART:FGG.py===============
パイソンは 1 ～ 100 の中から数を 1 つ選びました
挑戦できる回数は、あと 10 回です
パイソンが選んだ数を当ててください：
```

 「モンティ、好きな数を入力して、エンターキーを押してくれる？」

 「うん！ 77 にしてみるよ！」

Python Shell

```
パイソンが選んだ数を当ててください：77
まだ 10 以上 30 未満の差があるよ
挑戦できる回数は、あと 9 回です
パイソンが選んだ数を当ててください：
```

「10 以上 30 未満の差があるって。次はしょう君が当ててみて！」

「よし！ じゃあ、90 で勝負だ！」

Python Shell

パイソンが選んだ数を当ててください：**90**

かなりちかづいたよ。差は 10 未満だよ

挑戦できる回数は、あと 8 回です

パイソンが選んだ数を当ててください：

「差が 10 以下に縮まった！ 次は蒼空せんぱい、お願いします」

「90 より大きいのか小さいのか、悩むなぁ……決めた！ 94 にしてみる！」

Python Shell

パイソンが選んだ数を当ててください：**94**

すっごくちかいよ！

挑戦できる回数は、あと 7 回です

パイソンが選んだ数を当ててください：

「わぁ、すっごく近いって！ 差が 3 以下ね。モンティ、お願い！」

「1 だけ増やして、95 にしてみるよ」

Python Shell

パイソンが選んだ数を当ててください：**95**

正解！あなたの得点は 70 点です

「わぁ〜い！ 当たった！！！」

コラム 10

プログラミングで何ができるの？

「Python（パイソン）で何ができるの？」といった質問をよく受けます。

実は、Google（グーグル）にも、YouTube（ユーチューブ）にも、Instagram（インスタグラム）にも、ロボットの Pepper（ペッパー）くんにも、パイソンは使われています。

「そもそもプログラミングで何ができるの？　アプリやゲームやロボットに興味のない人には、プログラミングは関係ないんじゃないの？」といった質問も、たまに受けます。

いやいや、そんなことはありません。プログラミングによって、データの分析をしたり、人工知能ＡＩを動かしたりできます。そのほかにもさまざまなたくさんのことが可能です。たくさんのことといわれても、ピンとこないかもしれません。そこで、一例をあげましょう。

私は、大学時代、地震応答シミュレーションの研究をしていました。地震が発生した際、地震波が地盤をどのように伝播していき、最終的に都市部の構造物がどのようにゆれるかを、コンピュータ内でシミュレーションするというものです。つまり、コンピュータ内に仮想的に都市を構築し、そこにさまざまな規模の地震を発生させるのです。そうすると、都市の中で激しくゆれる危険な個所をしぼれるため、防災・減災に役立つと期待されています。

このゆれのシミュレーションは、プログラミングを用いて実現されているのです。

例えば、都市の構築の部分について説明すると、信頼性の高いシミュレーションのためには、実際の地上構造物の幾何形状データにもとづいたリアルな都市をつくり上げる必要があります。ただ、都市は巨大なため、人力で生成していくのは現実的ではありません。そこで、「都市生成ルール」をプログラミングすることで、巨大な都市の自動生成を可能にしています。

また、地震波の伝播にもプログラミングが使われています。地震波はある物理法則、つまり「あるルール」にしたがって伝播していくことがわかっています。そこで、そのルールをプログラミングすることで、コンピュータ内で伝播現象を再現します。

このようにして、地震応答シミュレーションをつくり上げることができます。日本にとってきわめて重要な地震対策にもプログラミングが使われているのです。

みなさんが将来進むさまざまな分野で、ぜひプログラミングを活用してくださいね！

(K.K.)

エピローグ

3人が数当てゲームを終えるころには、教室の外はうす暗くなり始めていました。

「2人とも5日間の超入門をきちんとやり終えたわね！」

蒼空のセリフを聞くと、モンティの体がどんどん小さくなっていきました。

「モンティ、どうしたの？　小さくなっちゃってるよ。蒼空せんぱい、大変です、
　モンティをみてあげてください！」

「ボクはAIだから、映像（えいぞう）が小さくなってもだいじょうぶだよ。それよりも、
　そらちゃん、しょう君、お願いがあるの」

「何？」

「Stage12で星座盤（せいざばん）をつくったでしょ？
　そこに、流れ星があったらもっと
　きれいだなぁって思うんだけど、できる？」

「できるわよ。よし、3人でいっしょにつくりましょう」

3人はPCに向かいました。

「エディタウィンドウを開いてください。Stage12で作成した『星座盤（せいざばん）』に
　流れ星のコードを付け足して、『流れ星』というファイルをつくります」

「 リサイクルの10ステップ だね。『流れ星』として保存しました」

「読者の皆さんのために、CHALLENGE問題のはくちょう座のコードを示し
　ますね。まだ書いていない人は、Stage12の41のコードの下に加えてく
　ださい」

```
42  t.color('red')
43  t.penup()
44  t.goto(220, 250)
45  t.pendown()
46  star()
47  t.goto(260, 180)
48  star()
49  t.goto(330, 110)
50  star()
51  t.goto(400, 0)
52  star()
53  t.penup()
54  t.goto(100, 100)
55  t.pendown()
56  star()
57  t.goto(170, 120)
58  star()
59  t.goto(260, 180)
60  star()
61  t.goto(350, 240)
62  star()
63  t.goto(370, 320)
64  star()
65  t.goto(390, 340)
66  star()
```

「流れ星はどうやってつくるのですか？」

「『星を一瞬だけ表示させて消し、少し離れたところでまた表示する』ということをくり返せば、流れているように見えるはずよ。流れ星はどのあたりに登場させたい？」

「左の上のほうがいいかな」

「OK。では 66 のコードの下に、これらのコードを加えてちょうだい」

星座盤 (67-71).py

```
67  ss = turtle.Pen()
68  ss.speed(0)
69  ss.width(1)
70  ss.color('white')
71  ss.hideturtle()
```

「『t = turtle.Pen()』ではなくて、『ss = turtle.Pen()』というコードを書くのはなぜですか？」

「『t = turtle.Pen()』の『t』を使って流れ星のコードを書くと、流れ星を消すときに、他の金・銀・青の星や、はくちょう座の星座もいっしょに消えてしまうからよ」

「そうなのか。それで区別して書くのですね。『ss』には何か意味があるのですか？」

「流れ星を英語で『shooting star』というので、その頭文字からとったの」

words

shooting star：シューティング・スター：流れ星

「68 〜 71 のコードで、スピードを 0 、線の幅は 1 ピクセル、色は白にしてカメさんをかくすんだよね」

「そうよ。次に流れ星の関数をつくりましょう。関数名は『shooting_star』がいいわね。半径が1ピクセルの小さな円にして、ぬりつぶしましょう」

「じゃあ、ボクがコードを書いてみるよ」

星座盤 (72-75).py

```
72  def shooting_star():
73      ss.begin_fill()
74      ss.circle(1)
75      ss.end_fill()
```

「モンティ、完ぺきよ！ 次に、x座標が−150、y座標が400の位置にペンを移動させましょう」

「こうだね」

星座盤 (76-77).py

```
76  x = -150
77  y = 400
```

「次に、『ペンを上げる → 移動する → ペンを下げる → 星を書く → 星を消す』をくり返して、流れ星をつくりましょう」

「どれくらいずつ移動させて、何回くり返せばいいですか？」

「x座標は−18ずつ、y座標は−10ずつ移動させて、25回くり返しましょう」

「では今度はぼくが残りのコードを書きます」

```
78  for z in range(25):
79      ss.penup()
80      ss.goto(x, y)
81      ss.pendown()
82      shooting_star()
83      ss.clear()
84      x -= 18
85      y -= 10
```

「これで完成よ！」

「すごい、全部で 85 行もあるよ」

「これをエディタウィンドウに書いて、実行しよう」

「星座が描けたから、流れ星はもうすぐ出てくるわよ！」

「あ、左の上のほうに流れ星が現れた！ すごいよ、すごい！ モンティ、蒼空せんぱい、見えてる？」

「見えてるわよ！ 流れてるわ！ きれいねぇ」

その間、モンティはだまって流れ星を見つめていました。

「きれいだったなぁ」

「これで入門編が完了したわね！ じゃあ、帰りましょうか」

「待って！」

「もう、パイソンの勉強は終わりなの？ しょう君とはお別れなの？」

　そういうと、モンティはさらに小さくなり、ビー玉くらいの大きさになってしまいました。飛翔は意を決していいました。

 「蒼空せんぱい、ぼくはモンティといっしょに、もっともっとパイソンを勉強していきたいんです！」

 「……わかったわ、ちょっと時間がかかるかもしれないけれど、2人の勉強用のデータをつくるわ」

  「やったぁ！」

 「ボク、流れ星に、これからもしょう君といっしょに勉強できますようにってお願いしたんだ。願いごとがかなったよ！」

 「そのために、流れ星をつくりたいっていったの？」

 「そうだよ」

 「モンティ、これからもいっしょにがんばろうね！」

　窓の外は、完全に夜のとばりが下りていました。

 「窓の外を見て！ 星が出ているわ」

 「もしかしたら、本当の流れ星があるかもしれない。探してみよう！」

　蒼空と飛翔は、しばらくの間、夜空を見上げていました。いつの間にかもとの大きさにもどったモンティは、2人のまわりを飛び回り続けました。

特別付録2：エラーの対処法

　プログラミングをしていて一番困ることは、『エラー』が生じることです。プログラムに含まれるまちがいのことを『バグ（bug）』といい、バグがあるとエラーが生じてしまうのです。エラーが生じてしまうと、その先に進めなくなり、とても困ります。

　そこで、ここでは、起こりやすいエラーの4パターンと、その対処法をまとめました。なお、エラーの種類は多様なため、すべてをここで扱うことはできません。その点はどうかご了承ください。

I　スペルミス

　単語や用語のアルファベットを打ちまちがえることを、スペルミスといいます。スペルミスをすると、エラーが生じます。たとえば、【図1】においては、エディタウィンドウの1行目で、『turtle』の『l』をまちがえて『i』と打ったため、『turtie』となっています。

図1.py
```
import turtie
turtle.forward(100)
```

　これを実行すると、シェルウィンドウに、【図2】のような赤文字のエラー表示が現れます。

【図2】

Python Shell
```
Traceback (most recent call last):
  File "C:/Users/Sesame/Desktop/bag.py", line 1, in <module>
    import turtie
ModuleNotFoundError: No module named 'turtie'
```

　英語がわからなくても、見るべきポイントをつかんでおけば、どこがまちがっているのかがわかります。【図3】にチェックすべきポイントを示しました。

【図3】

```
                                          1 行目にエラーがある
                                                 ↓
Traceback (most recent call last):
  File "C:/Users/Sesame/Desktop/bag.py", line 1, in <module>
    import turtie
ModuleNotFoundError: No module named 'turtie'
      ↑                                    ↑
  エラーが生じているコード          エラーが生じている用語・単語
```

words

line：ライン：行

この場合、次の3か所をチェックすれば、どこがまちがっているのかわかります。

> ・2行目の『line 数字』：（数字）行目にエラーがある
> ・3行目　　　　　　　：エラーが生じているコードが示される
> ・4行目の最後　　　　：エラーが生じている用語・単語が示される

エラーが生じている用語・単語にスペルミスを見つけて、正しく打ち直しましょう。

Ⅱ 記号の打ちまちがえ

　ある記号を、似たような別の記号に打ちまちがえることでエラーが生じてしまう場合があります。たとえば、『if』のコードの後の『:』（コロン）を、『;』（セミコロン）にするとどうなるのか、見てみましょう。

図7.py
```
a = 10
if a > 5;
print('OK')
```

　本来ならば『if』の下の行には、自動的に最初に空白（インデント）ができるはずなのに、図7ではできていません。ここで、変だなと気づくかもしれませんが、とりあえず、図8のように、自分でスペースキーを押してインデントをつくり、実行してみます。

図8.py

```
a = 10
if a > 5;
    print('OK')
```

　すると、図9のように、ウィンドウ上の『**;**』の部分が赤く表示され、『**invalid syntax**』と書かれた小さな画面が出てきます。

図9.py

```
a = 10
if a > 5;
    print('OK')
```

　赤く指摘されている記号がまちがっているので、正しい記号で打ち直しましょう。ちなみに、小さな枠の上部に書かれている『SyntaxError』(シンタックスエラー)とは、プログラムの構文のまちがいのことで、『invalid syntax』とは『構文が無効になっている』という意味です。『**if**』と『**:**』(コロン)は構文上、必ずセットになっているので、このようなエラーメッセージが表示されるのです。

Ⅲ 文字列に『''』(または『""』) を付け忘れる

　文字列には必ず、『''』(クォーテーションマーク) または『""』(ダブルクォーテーションマーク) を付けなければいけませんが、これを付け忘れるとどのようになるか、見てみましょう。

図10.py

```
print(100)
print(Hello)
```

　数字を表示するときは『''』または『""』を付ける必要はないので、『**print(100)**』ではエラーが生じません。

しかし、文字列の『Hello』『' '』または『" "』を付けなければいけませんが、図 10 には付いていません。

文字列は緑色に表示されますが、ここでは黒色になっているので、そこでミスに気付くかもしれません。気付かずに実行すると、【図 11】のような表示が現れます。

【図 11】

数字の 100 は青い文字色できちんと表示されていますが、Hello に関してはエラー表示が示されます。

文字列に『' '』または『" "』を付け忘れた場合には、エラー表示の一番下の行に、『' 文字 'is not defined』という表示が出ます。これは、『' 文字 ' が定義されていない』という意味です。

Ⅳ 記号や数字を全角で入力してしまう

コードを書くときは、基本的に、日本語のひらがな・カタカナ・漢字以外は、半角で入力しなければいけません。しかし、日本語を全角で入力した後に、記号や数字を半角ではなくて、全角で入力してしまうミスがよくあります。

例えば、図 12 では、シェルウィンドウで『' こんにちは '』を入力するときに、『こ』の前にある『'』は半角で打ち、『は』の後の 2 つの記号『' ）』を全角で入力しています。

図 12.py
```
print(' こんにちは '）
```

『）』は黒で表示されますが、この場合は緑色になっているので、そこで気付くかもしれませんしれません。気付かずに実行すると、図 13 のような表示が現れます。

図 13.py

```
print('こんにちは')
```

シェルウィンドウでは【図 14】のような表示が現れます。

【図 14】

Python Shell

```
>>> print('こんにちは')

SyntaxError: EOL while scanning string literal
```

　どちらにも赤い長方形が現れるので、これでエラーと気付くことができます。

　シェルウィンドウにコードを書いた場合には、英文が表示されます。

　『SyntaxError』は、先ほど説明したように、構文のまちがいという意味です。『EOL while scanning string literal』は、『文字列の終わりが見つからない』という意味です。『こんにちは』の『は』の後ろが全角で『'』が入力されているので、文字列が終了していないと認識されるため、このようなエラーメッセージが表示されるのです。

memo

特別付録３：記号の位置・読み方・使い方

　プログラミングで用いる記号のキーボード上での位置、打ち方、読み方、使い方について説明します。全てのキーは半角で打つので、注意してください。
※なお、この本で学習しない記号についての説明は省略してあります。

Ⅰ　Shift キーといっしょに押^おすキー

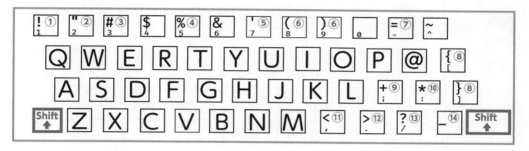

①〜⑭までのキーは、Shift キー（シフトキー）と同時に押します。
記号のキーを右手で押す場合には左下の Shift キーを押し、記号のキーを左手で押す場合には右下の Shift キーを押すと、打ちやすくなります。

① **!**　エクスクラメーション・マーク
感嘆符^{かんたんふ}として用いる。数式においては、「！＝」は「等しくない」という意味になる

② **"**　ダブル・クオテーション・マーク
文字列を囲む。また、コードの最初と最後を『"""』で囲むと改行できる

③ **#**　シャープ
の後ろに書いた文字などは、コードではなくて、コメントとして認識される

④ **%**　パーセント
『100 % 3』などのように、割り算のあまりを求めるときに用いる

⑤ **'**　クオテーション・マーク
文字列を囲む。また、コードの最初と最後を『'''』で囲むと改行できる

⑥ **( )**　丸かっこ
『print( )』や、『for x in range( )』や、計算のカッコとして用いる

⑦ **=**　イコール
変数にデータを代入するときに用いる。『==』は数式のイコールの意味となる

⑧ **{ }** 中かっこ
『month = {1:'January', 2:'February'}』のように、辞書の作成で用いる

⑨ **+** プラス　　　　　　　　　　足し算の記号として用いる
⑩ **＊** アスタリスク　　　　　　かけ算の記号として『×』の代わりに用いる
⑪ **＜** 小なり　　　　　　　　　　不等号の記号として用いる
⑫ **＞** 大なり　　　　　　　　　　不等号の記号として用いる
⑬ **？** クエスチョン・マーク　　文字列で疑問を示すときに使われる
⑭ **＿** アンダー・バー　　　　　変数名や文字列などで使われる

Ⅱ 単独で押すキー

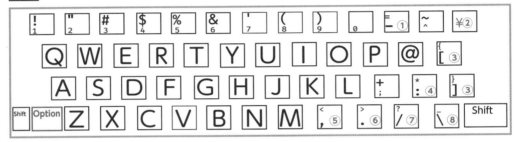

① **－** マイナス　　　　引き算の記号として用いる
② **￥** 円マーク　　　　コードを改行するときに用いる
　※ Windows の場合は単独で用いるが、Mac の場合は Option キーといっしょに押す

③ **[ ]** 大かっこ
『[number = 'one', 'two']』のように、リストの作成などで用いる

④ **：** コロン
『if 〜:』『elif 〜:』『else:』などで用いる。これらの場合には、『:』の次の行の最初には空白（インデント）ができる
その他、『moji[2:6]』のように、文字列の一部を表記する場合などで用いる

⑤ **，** カンマ　　　　リストや辞書などで、区切りとして用いる
⑥ **．** ピリオド
小数点（3.14）や、コードで単語を区切る場合 (t.shape など) で用いる

⑦ **／** スラッシュ　　　　　割り算の記号として『÷』の代わりに用いる
⑧ **＼** バックスラッシュ　『￥』と同じ役割
　※ 『\』キーは、Windows にはありますが、Mac にはありません。

CHECK ★ 問題の解答

Stage 3
(1) ③　(2) ③　(3) ③　(4) ①　(5) ③

Stage 4
(1) ③　(2) ④　(3) ②　(4) ④　(5) ②

※ (5) は、( ) 内に半径が入るので、80 が正解です

Stage 5
(1) ④　(2) ③　(3) ②　(4) ③　(5) ④

Stage 6
【1】30　【2】50　【3】400
【4】706.5　【5】400

Stage 7
【1】④　【2】①　【3】③
【4】②　【5】①

Stage 9
(1) ④　(2) ④　(3) ②　(4) ④　(5) ④

Stage 10
(1) ③　(2) ①　(3) ④　(4) ④　(5) ①

Stage 11
【1】150　【2】pendown( )
【3】8　【4】45
【5】hideturtle( )

Stage 12
【1】100　【2】11
【3】100
【4】+　　【5】13

Stage 13
【1】854　【2】'77777'
【3】'もしもし'　【4】'かん'
【5】'みかん'

Stage 14
【1】sort( )
【2】'blueberry', 'banana',
'melon', 'orange','strawberry'
【3】5　【4】'数学'　【5】'理科'

Stage 15
【1】False　【2】True
【3】<class 'float'>
【4】<class 'list'>
【5】<class 'bool'>

Stage 16
【1】randint　【2】and
【3】elif　【4】elif　【5】else

Stage 17
【1】if　【2】Moon　【3】input
【4】Moon　【5】else:

Stage 18
【1】input　【2】'5'　【3】class
【4】'str'　【5】int

Stage 19
【1】randint　【2】input
【3】int　【4】True　【5】elif

　Challenge 問題は創造性を問う問題なので、いろいろなタイプの解答が存在します。ここで示しているのはあくまで解答の一例ですので、ご了承ください。

Stage 3

【解答】`print('Hello Sora!')`

　『`''`』のかわりに、『`""`』を使うこともできます。

Stage 4

【解答】`stars[' 太陽 ']`

　モンティのつくった辞書で、『`'Sun'`』に対応する key は『`' 太陽 '`』なので、『`stars[' 太陽 ']`』というコードで、『`'Sun'`』を呼び出すことができます。

Stage 5

【解答】**3465.0** （※あるいは **3465**）

　攻撃力が何倍になるかは、『`1 + 0.25 * (8 - 1)`』となり、この式の計算結果は 2.75 になります。よって、『`1260 * 2.75`』を計算すれば攻撃力が求まります。

　計算式を 1 つにまとめると、『`1260 * (1 + 0.25 * (8 - 1))`』となります。かっこを二重、三重にするとき、パイソンでは『`{ }`中かっこ』、『`[ ]`大かっこ』を用いず、『`( )`小かっこ』を二重、三重にして使います。

Stage 6

【解答】地球の体積は約 1 兆 km^3、月の体積は約 220 億 km^3

```
Python Shell
>>> pi = 3.14
>>> hankei = 6371
>>> hankei ** 3 * pi * 4 / 3
1082657777102.0533

>>> hankei = 1737
>>> hankei ** 3 * pi * 4 / 3
21941577088.56
```

Stage 7

【解答】問1は約634mで東京スカイツリー、問2は約3776mで富士山

```
Python Shell
>>> def height(a):
        return a ** 2 * 9.8 / 2
>>> height(11.375)
634.0140625
>>> height(27.76)
3776.0262400000006
```

関数を実行するときは、『height(数値)』とします。この問題では、数値の部分に、11.375と27.76を入れてください。

Stage 9

【解答】

```
Python Shell
>>> import turtle
>>> t = turtle.Pen()
>>> t.shape('turtle')
>>> t.forward(100)
>>> t.left(90)
>>> t.forward(100)
>>> t.left(90)
>>> t.forward(100)
>>> t.right(90)
>>> t.forward(100)
>>> t.right(90)
>>> t.forward(100)
```

シェルウィンドウとエディタウィンドウのどちらを使ってもいいですが、ここではシェルウィンドウを使いました。1行ごとにタートルの動きが確認できるからです。

まず、最初の３行を書いてエンターキーを押すと画面が現れます。このときカメは右側を向いているので、最初は向きを変えずに前方に100歩進ませます（※図の横線・たて線部分は、カメが進んでいることをあらわしています）。その後は、下の図のように、進む、曲がる、をくり返します。

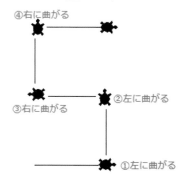

④右に曲がる

③右に曲がる　②左に曲がる

①左に曲がる

Stage 10

【解答】【1】turtle　【2】700　【3】500　【4】bgcolor
　　　　【5】'red'　【6】'orange'　【7】begin_fill()
　　　　【8】60　【9】end_fill()

Stage 11

【解答】

```
おもしろい模様.py

import turtle
t=turtle.Pen()
t.shape('turtle')
for x in range(100):
    t.forward(x)
    t.left(59)
```

　モンティが「100回くり返したよ」といっているので、4行目のコードは
『for x in range(100):』とわかります。
　また、「進む距離に、数字じゃなくてまちがえて『x』を入れちゃった」というセリフから、5行目のコードは『t.forward(x)』とわかります。このコードの意味は、1回目は1ピクセル、2回目は2ピクセル、3回目は3ピクセルと、進む距離が毎回増加し、100回目には100ピクセル進む、ということです。

『360 ÷ 6 = 60』という計算式から、六角形の外角は 60°とわかりますが、モンティが数を 1 ずれて書いてしまったので、数字は 59 か 61 のどちらかです。角度を 59 にすると、示された模様を描き上げることができます。ちなみに角度を 61 にするとどんな図形になるか、試してみてください。

Stage 12 解答については、エピローグをみてください。

Stage 13

【解答】

```
Python Shell
>>> x = 'Supercalifragilisticexpialidocious'
>>> len(x)
34
>>> a = 'ぼうちゅうざい'
>>> a[1:5]
```

『その 1』では、『len('Supercalifragilisticexpialidocious')』としても OK です。

Stage 14

【解答】
```
kinoko.pop()
kinoko.append('エノキダケ')
```

Stage 15

【解答】0 以上 5 以下、または、13 以上 59 以下の整数

『not ((age >= 6 and age <= 12) or age >= 60)』のような長い式を考えるときは、少しずつ意味を解きほぐしていくといいかもしれません。

①『(age >= 6 and age <= 12)』とすると、『6 才以上 12 才以下』という意味となります。

②『(age >= 6 and age <= 12) or age >= 60)』とすると、『6 才以上 12 才以下、または、60 才以上』という意味となります。

よって、この問題の答えは、『6 才以上 12 才以下 または 60 才以上』ではない、ということになります。

Stage 16

【解答】

Step16のChallenge.py

```python
import random
a = random.randint(1,16)
if a == 1:
    print('エースが出たよ')
elif a <= 10:
    print('数の札だよ')
elif a <= 13:
    print('絵札でした！')
else:
    print('はずれだよ！')
```

5行目については、『elif a >= 2 and a <= 10』というコードにしてもいいですが、実は『a >= 2』は書く必要ありません。なぜなら、最初に『if a == 1:』という条件が出ていて、『elif』はそれ以外という意味なので、a の条件は自動的に2以上になるからです。7行目も同様に考えてください。

上記のコードでは何の数字が出たかがわかりません。そこで、数字も表示したい場合は、下のようなコードになります。

Step16のChallenge(改良版).py

```python
import random
a = random.randint(1,16)
if a == 1:
    print('数は' + str(a) + 'です。エースが出たよ')
elif a <= 10:
    print('数は' + str(a) + 'です。数の札だよ')
elif a <= 13:
    print('数は' + str(a) + 'です。絵札でした！')
else:
    print('数は' + str(a) + 'です。' 'はずれだよ！')
```

Stage 17

【解答】　**Step17 の Challenge.py**

```
print('''Ａさん、Ｂさん、Ｃさんの３人がいて、
３人のうち、だれか１人がどろぼうです。
Ａさんは『私はどろぼうではありません』といって、
Ｂさんは『Ｃさんがどろぼうだ』といって、
Ｃさんは『Ａさんがどろぼうだ』といっています。
３人のうち、どろぼうだけがウソをついていて、
残りの２人は本当のことをいっています。
では、どろぼうはだれでしょう？''')
doro = input('''どろぼうを当ててください。
A, B, C のどれかで答えてね：''')
if doro == 'C':
    print('正解')
else:
    print('残念')
```

　この問題は、改行で『'''』を使うところがポイントです。コードは難しくないけれど、問題自体が難しいので、以下では、その解説をします。

　最初に、『もしＡさんがどろぼうならば？』と、考えてみましょう。その場合、Ｂさんとさん本当のことをいうはずですが、Ｂさんは『Ｃさんがどろぼうだ』といっているので、矛盾します。よって、Ａさんはどろぼうではありません。

　次に、Ｂさんがどろぼうと仮定すると、ＡさんとＣさんは本当のことをいうはずです。しかし、Ｃさんは『Ａさんがどろぼうだ』といっているので、これも矛盾します。

　最後に、Ｃさんがどろぼうと仮定すると、ＡさんとＢさんは本当のことをいい、Ｃさんはウソをつくはずです。これは３人の証言と一致します。

　したがって、どろぼうはＣさんとわかります。

Stage 18

【解答】
Step18 の Challenge.py

```python
when = ['5秒前', '3000年後', '空に虹が出たとき', 'おこられた後で']
where = ['教室の中で', '富士山のてっぺんで', ￥
            '海底洞窟で', '4DXの映画館で']
who = ['ニュートンとネコが', '緑色の宇宙人が', ￥
            'ゾウの赤ちゃんが', 'やせたおすもうさんが']
what = ['タバスコ入りのチョコレートを', 'ゲーム機を', ￥
            '白いカラスを', 'PCを']
why = ['お腹がいっぱいだったから', '寝不足だったから', ￥
            'とってもうれしかったから', 'なんとなく']
did = ['笑い転げた。', '投げ上げた。', ￥
            'ポケットにしまった。', '1億円で売った。']
import random
while True:
    print(random.choice(who), ￥
        random.choice(when), ￥
        random.choice(where),￥
        random.choice(why), ￥
        random.choice(what), ￥
        random.choice(did))
    x = input('やめるときはzのキーを押して、￥
続けるときはほかのキーを押してね：)
    if x == 'z':
        break
    else:
        continue
```

これはあくまで解答の一例です。他にもいろいろな書き方があるので、みなさん、工夫して、独自の解答をつくってください。

【解答】 Step19 の Challenge.py

```python
import random
num = random.randint(0, 2)
player = input('グーかチョキかパーを書いてください :')
if num == 0:
    python = 'グー'
elif num == 1:
    python = 'チョキ'
else:
    python = 'パー'
if player == python:
    print('引き分けです')
elif player == 'グー' and python == 'チョキ':
    print('あなたの勝ちです')
elif player == 'チョキ' and python == 'パー':
    print('あなたの勝ちです')
elif player == 'パー' and python == 'グー':
    print('あなたの勝ちです')
else:
    print('パイソンの勝ちです')
```

これはあくまで解答の一例です。他にも色々な書き方があるので、みなさん、工夫して、独自の解答をつくってください。

〈著者略歴〉

及川えり子（おいかわ　えりこ）

株式会社 OPEN SESAME 代表取締役
1965 年生まれ。お茶の水女子大学理学部卒。
予備校講師を経て、2010 年、東京都町田市に算数・数学専門塾の『セサミ数学スクール』
を開校。
2018 年からはプログラミング授業を開始し、小中学生対象に Python を教えている。
2020 年 8 月からは、アイデア募集コンテスト『セサミ・チャレンジ』を開催。

●コラム執筆　セサミ数学スクール講師 林先生(Y. H.)
　　　　　　　セサミ数学スクール元講師 勝島先生(K. K.)
　　　　　　　及川えり子
●カバーイラスト　ふすい
●本文イラスト　キャラクター原案：小暮日菜子、イラスト：小暮佐知子
●紙面デザイン　及川えり子

Python 超入門
―モンティと学ぶはじめてのプログラミング―

2020 年 2 月 1 日　　第 1 版第 1 刷発行

著　　者　及川えり子
発 行 者　村 上 和 夫
発 行 所　株式会社 オーム社
　　　　　郵便番号　101-8460
　　　　　東京都千代田区神田錦町 3-1
　　　　　電話　03(3233)0641(代表)
　　　　　URL　https://www.ohmsha.co.jp/

© 及川えり子 2020

印刷・製本　小野高速印刷
ISBN978-4-274-22494-2　Printed in Japan

本書の感想募集　https://www.ohmsha.co.jp/kansou/
本書をお読みになった感想を上記サイトまでお寄せください。
お寄せいただいた方には、抽選でプレゼントを差し上げます。